智能制造工程教程

教育部高等学校机械类专业教学指导委员会　编制

中国教育出版传媒集团

高等教育出版社·北京

内容提要

以数字化、网络化、智能化为特征的智能制造，是未来我国经济发展的重要支撑，也是制造强国建设的主攻方向。开展智能制造工程教育，需要牢牢抓住制造是主体、智能是主导、人是主宰这一逻辑主线，深刻理解利用赋能技术认知制造系统的整体联系、控制驱动系统实现最优目标这一关键，紧紧把握技术融合这个核心，构建多样化、交叉式、开放性、复合型的智能制造人才培养体系。本书本着"面向未来、服务需求，赋能主导、制造为本，兼容开放、与时俱进，分类多元、特色发展"的编写原则，构建了智能制造工程人才培养的基本框架、知识领域、核心课程、主要环节和相关要求，结合国内外高校智能制造工程教育经验，提出了智能制造工程人才培养的基本要求。本书尽量体现方向性、包容性、开放性和多元性等特点，为高校的专业建设提供了一个基本轮廓和遵循原则。高校在参考借鉴时可以本书为基础，根据自身不同情况，找准定位、发挥优势、有所选取、体现特色。

本书共9章，除绪论外，还包括智能制造与智能制造工程教育、智能制造工程教育中的学生培养、智能制造工程教育条件、智能制造工程知识体系、智能制造工程专业核心课程、智能制造工程实践教学体系、工程教育专业认证、附录。附录中收录了一些国内外大学智能制造工程教育的相关情况和案例。

图书在版编目（CIP）数据

智能制造工程教程 / 教育部高等学校机械类专业教学指导委员会编制. --北京：高等教育出版社，2022.7
ISBN 978-7-04-058773-9

Ⅰ. ①智… Ⅱ. ①教… Ⅲ. ①智能制造系统–高等学校–教材 Ⅳ. ①TH166

中国版本图书馆CIP数据核字(2022)第107132号

Zhineng Zhizao Gongcheng Jiaocheng

策划编辑	宋 晓 杜惠萍	责任编辑	杜惠萍	封面设计	贺雅馨	版式设计	徐艳妮
责任绘图	黄云燕	责任校对	吕红颖	责任印制	朱 琦		

出版发行	高等教育出版社	网 址	http://www.hep.edu.cn	
社 址	北京市西城区德外大街 4 号		http://www.hep.com.cn	
邮政编码	100120	网上订购	http://www.hepmall.com.cn	
印 刷	北京市联华印刷厂		http://www.hepmall.com	
开 本	787 mm×1092 mm 1/16		http://www.hepmall.cn	
印 张	10.5			
字 数	210 千字	版 次	2022 年 7 月第 1 版	
购书热线	010-58581118	印 次	2022 年 7 月第 1 次印刷	
咨询电话	400-810-0598	定 价	22.00 元	

本书如有缺页、倒页、脱页等质量问题，请到所购图书销售部门联系调换
版权所有　侵权必究
物 料 号　58773-00

《智能制造工程教程》编写组

组　　长
赵　继（东北大学）

副 组 长
巩亚东（东北大学）

张　龙（高等教育出版社）

成　　员
陈　明（同济大学）

孙　涛（天津大学）

周光辉（西安交通大学）

王书亭（华中科技大学）

刘振宇（浙江大学）

袁军堂（南京理工大学）

赵德宏（沈阳建筑大学）

王　玲（中国机械工程学会）

朱立达（东北大学）

　　随着互联网、物联网、大数据、人工智能等技术的不断发展，"智慧工厂""智慧城市""智慧社会"离我们不再遥远，新近甚至更有"元宇宙"之说。但无论是互联网、物联网、大数据、人工智能，还是数字经济、数字社会，都应该落脚在制造上，制造显然是其应用的最大、最重要的领域。我国将智能制造作为制造强国战略的主攻方向。在制造强国战略的推动下，更多企业对智能制造的需求日盛。

　　制造强国战略中提出了 20 字方针——"创新驱动、质量为先、绿色发展、结构优化、人才为本"。人才对于制造强国战略的重要性是不言而喻的，所以培养和造就一支高素质高水平的智能制造人才队伍，既是推进制造强国战略的当务之急，更是实现制造业转型升级的最重要的保证。

　　正是在这样的背景下，很多学校成立了智能制造工程专业或者在原有机械类专业基础上开展智能制造工程教育，以适应对智能制造人才的需求。然而，不仅学校缺乏智能制造相关的专业教学经验，而且因为智能制造的推进尚处于探索和初步应用的阶段，以致企业对智能制造人才的素养难以提出清晰的需求。这就给高等学校培养智能制造相关的人才带来很大挑战。

　　智能制造是一个大概念，是先进制造技术与新一代信息技术的深度融合。因此，智能制造是跨专业的，所涉及的知识几乎与所有的工科专业有关；智能制造是跨行业的，其核心技术不仅覆盖所有的制造行业，即便在某些非制造行业也能适用。实施智能制造的企业，既需要具有某些前沿的、专门的知识与技能的人才，以处理某些环节和点上的复杂问题，同时也需要能够深刻理解智能制造本质和内涵、能够把握整体和全局的人才，从而能够通过数字智能技术的应用而使企业整体优化、协调发展。兼顾这些，实非易事。

　　好多已经开设智能制造工程专业的学校在专业建设过程中多有困惑，都在根据自己的理解和自身师资力量及特点进行摸索。百花齐放，百家争鸣，未尝不是一件好事。倘若有一本集聚众多专业人士智慧的智能制造教程或指南，自然能够使诸多学校的智能制造工程专业建设或智能制造人才培养少走弯路。赵继教授领衔担此大任，教育部高等学校机械类专业教学指导委员会联合各高校和中国机械工程学会编写了《智能制造工程教程》（以下简称《教程》）。《教程》正是当前中国工科院校急需的关于智能制造的专业建设和教学的指南。

　　《教程》提供了智能制造工程知识体系的参考结构，对智能制造工程相关课程建设做了详细描述；书中建议的工程实践体系和实践教学环节也颇具参考价值；《教程》还介绍了中国和国际的工程教育认证体系，可以为智能制造工程专业认证提供指导；即便是书中的附录也值得相关的教师学习，因为国际（如美国、德国）国内一些院校在智能制造相关的课程建设方面的尝试和实践无疑是宝贵的参考资料。

　　当然，需要特别注意的是，智能制造工程专业的课程体系及其课程的内容，不是一成不变的，而需要不断进化。不同类型、不同层次的院校对《教程》中内容的选择可以不一样，需要根据自身特点和条件灵活选取。

　　《教程》为广大从事智能制造工程教育的教师们提供了一个平台，搭起一个框架。相信此平台为国家高素质智能制造工程人才的培养能做出特别的贡献。我还希望，在学习《教程》的同时能有一个网上交流平台。一方面，通过此平台，广大教师可以切磋在智能制造专业建设和课程教学实践中的心得和体会，相互促进，共同受益；另一方面，平台可采千士之智，集百家之长。若如此，《教程》未来的修订和再版可期也！

华中科技大学教授、中国工程院院士

2022年4月

我国正在从制造大国迈向制造强国，国家主管部门及专家学者根据世界科技变革趋势和国家经济社会发展需求，对支撑我国实体经济的主要支柱——未来制造技术发展，做出前瞻性的判断，形成了具有指导性的基本共识，即"数字"是发展的核心，"精密"是发展的关键，"极端"是发展的焦点，"自动"是发展的条件，"网络"是发展的道路，"集成"是发展的方法，"智能"是发展的前景，"绿色"是发展的必然。我国智能制造发展将沿着数字化、网络化、智能化的范式逐步深化，并按照智能产品、智能生产、智能服务、智能集成等方向全面展开，最终驱动产业从万物互联走向万物智联，再到万智互联。可以说，以数字化、网络化、智能化为特征的智能制造既是未来我国经济发展的重要支撑，也是我国制造强国建设的主攻方向。

国内外关于智能制造概念和内涵的定义很多，都体现了不同发展阶段学术界和产业界对于智能制造本质的认识、理解和深化，都是宝贵的智能制造工程研究成果、技术思想和知识财富。周济院士创造性地提出了智能制造的三种基本范式，即以数字化制造为特征的第一代智能制造、以数字化网络化制造为特征的第二代智能制造、以数字化网络化智能化制造为特征的新一代智能制造。李培根院士给出过一个极简定义："智能制造是把机器智能融合于制造的各种活动中，以满足企业相应的目标"。智能制造作为一个系统工程，涉及机械工程、制造工程、人工智能、控制科学与工程、计算机科学与工程、管理科学与工程等多个学科，内容既包含了数据获取与处理、数据驱动、数字孪生、数字建模与仿真、智能感知与控制、智能优化与调度等核心技术，又涉及工业互联网、智能制造云平台等支撑技术，它将现代制造技术与新一代信息技术、智能技术深度融合，贯穿于智能产品、智能生产、智能服务、智能制造系统集成等全过程。因此，智能制造工程人才培养要突破传统单一的学科专业思维，在培养目标、培养模式、课程体系、教学内容、实践环节、创新训练以及考核方式等方面充分体现智能制造工程多学科交叉和综合的特点。

在智能制造中，智能是主导，制造是主体，人是主宰，新一代智能制造将更加突出人的中心地位。推进和发展智能制造，必须抓住人才队伍建设和人才培养这个根本，必须以此为契机，深化和推动机械工程，特别是机械设计制造等专业教育的改革，以全新的理念、明确的目标、清晰的任务、合理的路线、多样的选择、务实的举措，一步一个脚印地加以实施和落实。我们认为，面向未来的工程教育需要适应科技、产业和社会发展的步伐，需要有新的思维、理解、变革和创新！新一代数字化、网络化、智能化技术发展以及全球化的产业分工与合作，将会影响几乎所有学科领域的问题视角、思维方式、工作模式和解决方案。人工智能与其他科技的深度融合、交叉跨界以及合作模式的扁平化，甚至可能会消除某些工程领域的学科专业划分。面向未来，智能制造工程教育不仅要服务于现有产业，而且要引领未来产业转型升级和创新发展；不应拘泥于现有学科专业形态，而应更加具有前瞻性、交叉性、开放性和多样性，更加注重与世界、社会和产业的联系，向科技、人文、社会和产业的本质深处寻求变革和创新的答案。

2021 年 6 月，教育部高等学校机械类专业教学指导委员会、中国机械工程学会、高等教育出版社等联合召开了《智能制造工程教程》（以下简称为《教程》）编写组第一次工作会议，组建了由东北大学、同济大学、华中科技大学、西安交通大学、天津大学、浙江大学、南京理工大学、沈阳建筑大学、中国机械工程学会等高校和学会一线专家组成的编写组。经过多次召开研讨会，多方征集意见、搜集大量相关数据，研究、交流和探讨智能制造工程教育思想、培养目标、知识体系、专业核心课程、实践环节、教师队伍、条件支撑、专业认证等内容，结合国内外高校智能制造工程教育经验，逐步达成了高度共识。

站位若高远，立意必深刻，只有"站在巨人的肩膀上"，才能洞悉智能制造工程的发展前景。在《教程》的编著过程中，得到了中国工程院教育委员会、中国机械工程学会、教育部高等学校机械类专业教学指导委员会，特别是周济院士、李培根院士等著名专家学者的大力支持和指导。周济院士对《教程》的立意、定位、结构、知识体系架构等方面给出了细致且有针对性的指导意见，特别指出在构建工程基础和专业核心课程时，要突破传统思维定式和课程结构的束缚，把眼光放得更加长远。李培根院士对智能制造工程教育的内涵与边界、关键技术要素，以及《教程》的编写思路和主要内容等提出了非常重要的建议，并亲自作序。在《教程》付梓之际，我们怀着崇敬之心，对周济院士、李培根院士等学术大家表示由衷的敬意和诚挚的感谢。

《教程》本着面向未来、服务需求，赋能主导、制造为本，兼容开放、与时俱进，分类多元、特色发展的编写原则，除绪论外，分为智能制造工程教育、学生培养、教育条件、知识体系、专业核心课程、实践教学体系、工程教育专业认证等模块，提出了智能制造工程人才培养的基本要求。知识体系是学科专业建设的灵魂，课程建设是知识体系架构的基础和载体。《教程》注重明晰智能制造的知识体系、知识领域和知识点，着力深化专业核心课程的凝练，突出体现智能制造工程内涵。考虑到未来智能制造工程的创新、发展和我们对专业内涵、教育教学认识的阶段性，《教程》对专业核心课程只给出了粗线条的描述，为未来专业核心课程的建设留出了空间；同时在提供参考体系的同时，也为各高校留出了自主发展的余地。《教程》既可作为已开设智能制造工程专业高校的专业建设借鉴，也可作为高校依托现有机械设计制造等专业开展智能制造工程教育的参考。

《教程》借鉴"勾、皴、点、染"的写意笔法，采取勾画边界、厘清层次、突出重点、恰当覆盖的方式，基于周济院士、李培根院士等机械工程领域专家学者对智能制造工程教育的指导和解读，在构建智能制造工程人才培养的基本框架、知识领域、专业核心课程、主要环节和相关要求的过程中，尽量体现方向性、包容性、开放性和多元性等特点。高校在参考借鉴时可以《教程》为基础，根据自身不同情况，找准定位、发挥优势、有所选取、体现特色。

参与《教程》编写工作的主要人员如下：赵继、巩亚东、张龙（第1章），刘振宇、王柏村（第2章），袁军堂、赵德宏（第3章），王书亭、周光辉（第4章），陈明、孙涛、于颖（第5章），孙涛、陈明、郑惠江、王磊（第6章），王书亭、袁军堂、赵德宏（第7章），王玲、袁军堂、缪云、宋良（第8章），周光辉（第9章）。本书由赵继教授负责统稿。在《教程》编写过程中，陈云、唐堂、王亮、康绍鹏、丁云飞、兰希、秦戎、宋娜、孙晓宇等同志也参与其中并做出了贡献，同时得到了许多高校老师的帮助，在此一并表示衷心的感谢！

由于编者水平有限，且对智能制造工程及其人才培养的认识尚在深化过程中，不当之处在所难免，敬请广大读者批评指正。

教育部高等学校机械类专业教学指导委员会主任委员

赵 继

2022年4月

目录

_ 第 1 章 _

绪　论

1.1　概述

1. 智能制造发展与人才培养

我国在实施制造强国建设的国家战略中，明确提出将智能制造作为主攻方向，实现从制造大国向制造强国的转变。在智能制造中，智能是主导，制造是主体，人是主宰，新一代智能制造将更加突出人的中心地位。推进和发展智能制造，最根本的要靠人，靠千千万万高素质、创新性、多样化、复合型的人才作为支撑。因此，必须抓住人才队伍建设和人才培养这个根本，重视智能制造工程人才的自主培养，加快构建智能制造人才资源的竞争优势。

周济：智能制造是建设制造强国的主攻方向

2020年，中国智能硬件市场规模已超过10 000亿元，同比增长67.1%，全国工业软件市场规模接近2 000亿元，呈现出加快发展的态势。随着工业互联网规模的进一步扩大、公有云和信息传输技术的发展，中国智能制造产业将出现快速升级和蓬勃发展的局面，智能应用场景也将更加广阔，更多的智能工厂、工程装备、现代汽车、冶金钢铁、3C电子、健康医疗、轻工家电、制造服务等行业将实现与智能赋能技术的深度融合，以满足产品的个性化、定制化、高功能和多样性的需求。

随着新一轮智能科技和产业革命的到来，智能制造工程人才培养的重要性和迫切性日益突出，人才培养改革既面临着难得的机遇，也面临着许多新的挑战。新技术的产生和发展为智能制造工程教育变革提供了基础和条件，同时也对专业建设、学科交叉、师资队伍、课程体系、教学内容、教学方法、实验条件、实训基地、创新能力培养环境等提出了新的要求。未来制造技术发展将面临从相对单一的制造场景变为多种混合型制造场景、从基于模型的经典控制变为基于丰富数据和深度学习的现代控制、从基于经验的传统决策变为基于多种现代技术融合的智能决策、从解决显性一般问题变为解决显性与隐性结合的复杂问题等重大转变。智能制造必将深刻影响我国的经济建设和社会发展，制造业数字化、网络化、智能化转型势在必行，智能制造工程的人才培养迫在眉睫。

智能制造工程人才培养，要面向制造强国建设和"中国制造2025"等国家重大需求，面向未来科技、产业和社会发展需要，培养和造就具有技术开拓能力和国际竞争力的领军人才、具有创新精神和跨界整合能力的高技术人才、具有较强实践能力的应用型高技能人才以及高素质高水平的高级管理人才。高校应根据自身办学特色和实际情况，科学合理地确立本校智能制造工程人才的培养定位，制定能够实现培养目标达成的人才培养方案，使学生掌握智能制造工程的基础理论和专业知识，了解智能制造工程的前沿技术，为走上工作岗位解决智能制造的复杂工程问题打下基础。

基于此，由教育部高等学校机械类专业教学指导委员会、中国机械工程学会、高等教育出版社等联合组成《智能制造工程教程》（后简称为《教程》）编写组，研究、编制和出版《智能制造工程教程》。

2. 智能制造工程教育的内涵

国内外关于智能制造的定义很多，路甬祥院士给出了定义：智能制造是"一种由智能机器和人类专家共同组成的人机一体化智能系统，它在制造过程中能进行智能活动，诸如分析、推理、判断、构思和决策等。通过人与智能机器的合作共事，去扩大、延伸和部分地取代人类专家在制造过程中的脑力劳动"。李培根院士提出了一个极简定义："智能制造是把机器智能融合于制造的各种活动中，以满足企业相应的目标"。可以认为，智能制造把制造自动化的概念进行了全面更新，扩展和提升到数字化、网络化、智能化的新高度。

周济：智能制造的三个基本范式

智能制造是一个大概念，在长期实践演化中形成了许多不同的范式、模式和发展路径。周济院士等经过研究梳理，创造性地提出了智能制造的三种基本范式，即第一代智能制造——数字化制造、第二代智能制造——数字化网络化制造、新一代智能制造——数字化网络化智能化制造。智能制造可以看成是一个大系统，主要由智能产品、智能生产、智能服务三大功能系统和工业互联网、智能制造云平台两大支撑系统集合而成。其中，智能产品是智能制造的主要载体和价值核心，智能生产是制造产品的物化活动，智能服务是产业新模式和新业态发展的主要方向之一，而工业互联网和智能制造云平台是智能制造的重要基础和信息支撑。

周济：智能制造，制造技术是主体，智能技术是主导

开展智能制造工程教育，需要牢牢抓住制造是主体、智能是主导、人是主宰这一逻辑主线，深刻理解利用赋能技术认知制造系统的整体联系并控制和驱动系统实现最优目标这一关键，紧紧把握技术融合这个核心，突出学科交叉，突出产出导向，突出学生中心地位，突出智能思维和能力的培养，构建多样化、交叉式、开放性、复合型的智能制造人才培养体系。智能制造工程学科专业建设要从传统的注重学科导向，转变为在学科支撑基础上更加关注需求导向；由学科专业分割，转变为学科交叉和跨界融合；由跟踪、适应和服务现有产业发展，转变为在服务当下产业需求的同时，支撑和引领产业转型升级和创新发展。

教育部在"新工科建设指南"中明确提出，新工科建设需要加快探索建设一批集教育、培训、研究于一体的实践平台。智能制造工程人才培养要坚持开放办学，以产业发展为牵引，深入开展产学研协同育人，以科技发展和产业技术进步的最新需求，拉动智能制造工程新工科建设。从面向未来的视角，审视智能制造人才培养

模式的变革，着力培养学生的智能思维和技术素养、自主学习和终身学习的能力、创新精神和实践能力、跨学科学习和跨界合作的能力、独立分析和解决复杂问题的能力。

1.2 《智能制造工程教程》的编写原则

1. 坚持面向未来、服务需求

智能制造本身是跨学科专业的，所涉及的知识几乎与大多数工科教育内容有关，知识面宽，知识点专，欲全面地掌握智能制造的相关知识是非常困难的，尤其是智能制造知识体系本身尚在不断创新发展和丰富完善之中。因此，智能制造工程教育，不能仅仅依靠少数人的认知和一本教程去教条地组织实施，而应当由各个高校在实践探索的基础上实事求是、循序渐进地开展。我们认为，应当以面向未来、服务国家需求为导向，以培养学生智能制造的思维、基础、能力和素养为着力点，以对智能制造系统的"躯干"（制造本体）、"神经"（信息网络）、"血液"（数据）和"大脑"（控制）的认知和实践能力为主线，不断探索、改进、完善智能制造工程教育的模式和内容。

2. 坚持赋能主导、制造为本

在智能制造中，智能是主导技术，制造是主体技术，智能制造的落脚点是制造。智能制造工程人才培养首先要夯实制造基础，强化制造基础知识和基本能力，帮助学生构建智能制造的专业基础与专业之间的桥梁。其次，融合赋能技术，有效和机械工程专业的机械与力学、流体与传热、电子与信息、控制与测试等模块平台课程进行有机衔接，为学生在掌握机械工程基础之后进行智能制造工程学习与实践奠定坚实基础。最后，强化综合训练与创新实践，专业基础课和专业课应依托智能制造实训平台和综合实验环境，开设培养学生智能制造实践能力的各类实验课程，加强理论与实践结合，培养其创新潜质和综合能力。

3. 坚持兼容开放、与时俱进

智能制造工程教育是面向未来、学科交叉、知识体系正在发展和完善的"新工科"，其工程教育内涵与外延都在不断演进中。智能制造对学科交叉、渗透和融合提出了许多新的、更高的要求。开展智能制造工程教育，可以通过创办智能制造新专业的形式实施，也可以在原有机械设计制造及其自动化、机械电子工程等机械类专业的转型升级中实现。建设智能制造工程专业，不是舍弃其他机械类专业，而是使其变革、升级和创新发展。高校在设计智能制造课程体系时，应秉持兼容开放、与时俱进的原则，围绕目标，抓住关键，建立课程体系与教学内容的内在更新机制和人才培养质量的持续改进机制。

4. 坚持分类多元、特色发展

《教程》给出了知识领域、知识单元、知识点等知识体系和不同特色的分类要求，不同类型的高校可结合自己的办学定位、培养目标、优势和特色，参考《教程》制定适合自身实际的专业建设方案，构建多样化的培养模式、课程体系、教学内容和专业模块。智能制造工程教育强调智能主导的赋能技术和制造本体技术在课程安排和教学内容上的深度融合，高校在设计课程体系和能力模块时，都应以支撑人才培养目标的达成为取向，为学生今后发展奠定赋能技术和制造技术的基础，并将培养目标落实到不同课程、实验实习和相关教学环节中。

1.3 《智能制造工程教程》的结构与适用范围

1.3.1 《智能制造工程教程》的结构

智能制造工程知识体系包括通识类知识、专业基础知识和专业知识。通过课程教学、实践体验、创新活动和综合训练等教育教学环节，帮助学生掌握未来终身学习和持续发展的基础理论和专门知识，在智能制造工程基础、智能设计原理与方法、智能制造技术与工艺、智能服务与制造新模式、智能制造系统建模与控制等方面，奠定知识基础和专业发展能力。

《教程》将智能制造知识体系按结构关系划分为知识领域、子知识领域、知识单元、知识点和技能点四个层次（本书主要介绍前三个层次）。具体内容包括以下九个模块：

（1）绪论。概述智能制造发展与工程教育变革、智能制造工程教育内涵、《教程》的编写原则和结构等。

（2）智能制造与智能制造工程教育。概述智能制造工程产生发展、中国制造强国建设、中国的智能制造产业、智能制造工程教育以及人才培养等。

（3）智能制造工程教育中的学生培养。概述有关学生培养的基本要求、学生的培养途径并探索创新型教学模式等。

（4）智能制造工程教育条件。包括师资、实践教学设备与资料以及专业教育资源等。

（5）智能制造工程知识体系。概述知识体系的结构、专业基础和专业教育、智能制造工程知识领域等。

（6）智能制造工程专业核心课程。包括课程设置的指导原则、专业核心课程建设以及推荐课程描述。

（7）智能制造工程实践教学体系。包括智能制造工程实践教学概述、专业实践性教学环节与基本要求、实践性教学环节的建立与发展等。

（8）工程教育专业认证。概述国际工程教育互认协议、国际主要工程教育认证组织及专业认证标准、中国工程教育专业认证、智能制造工程专业认证、智能制造工程国家职业技术技能标准简介等。

（9）附录。介绍国内外已开展智能制造工程教育高校的培养方向与目标、培养模式与学位要求、培养方案与教学计划，智能制造实践能力培养平台案例等。

1.3.2 《智能制造工程教程》的适用范围

智能制造是我国建设制造强国的主攻方向，而智能制造工程教育将是这一领域人才供给的主要渠道，也必将成为机械设计制造及其自动化、机械电子工程等机械类专业教育创新发展的牵引力和助推力。《教程》既可供已开设智能制造工程专业的高校在进行专业建设时参考，也可供依托现有机械设计制造及其自动化等专业开展智能制造工程教育的高校借鉴。

第2章

智能制造与智能制造工程教育

2.1　概述

本章简要介绍了智能制造在国内外的历史与发展现状，以及智能制造发展的三个基本范式——数字化制造、数字化网络化制造和数字化网络化智能化制造；阐述中国的制造强国建设以及智能制造作为"主攻方向"的重要地位。智能制造产业链拓展延伸到设计、生产、物流、销售、服务等各个环节。当前，我国智能制造相关产业呈现逐年较快增长的趋势，相关行业、企业对智能制造领域相关人才的需求将快速增长。为了适应这种迫切需求，我国高校迅速做出回应，适时开展智能制造工程教育，推动学科专业建设、知识体系创新和课程改革。一方面新设立智能制造工程专业，另一方面将传统机械类专业与智能制造新的知识体系相融合并进行升级转型，培养从事与智能制造相关工作的工程技术人员、技能人员和管理人员，初步形成了"体系重构、多元复合、校企合作"的培养特色。

2.2　智能制造工程产生发展

2.2.1　智能制造国内外发展

几乎在20世纪80年代同一时期，在制造业出现了两个英文短语：smart manufacturing 和 intelligent manufacturing。早期将人工智能与"smart manufacturing"联系起来的文章是1986年Schaffer发表的《Artificial intelligence: a tool for smart manufacturing》，以及1987年Krakauer发表的《Smart manufacturing with artificial intelligence》一书，该书阐述了人工智能如何提高生产率和生产过程中的利润率，包含人工智能、专家系统和计算机辅助工艺过程设计、机器人等。经过近20年较缓慢的发展，有关"smart manufacturing"的现代理念更多是伴随着工业4.0而重新出现。同样，"intelligent manufacturing"最初也来自于人工智能和机器智能领域。关于"intelligent manufacturing"的早期文献包括1988年Wright等发表的《Manufacturing intelligence》以及1990年Kusiak发表的《Intelligent manufacturing systems》。20世纪90年代，日本对"intelligent manufacturing"率先进行布局并发起

智能制造系统（intelligent manufacturing system，IMS）项目，随后，美国、欧盟部分国家、中国开始了"intelligent manufacturing"的相关研究。目前在中国，大多时候将"intelligent manufacturing"和"smart manufacturing"均译为"智能制造"。直到今日，关于智能制造的学术概念仍在不断发展中，相关学者、企业和机构都在不断探索。2017年12月，中国科协智能制造学会联合体（由中国机械工程学会、中国仪器仪表学会、中国自动化学会、中国人工智能学会等13家学会组成）联合美国、德国、日本、英国、法国等17个国家的85家机构，共同发起筹备成立国际智能制造联盟（International Coalition of Intelligent Manufacturing），联盟以开放的精神和共享、共赢理念，加强智能制造领域的国际交流，传播智能制造知识和推广最佳实践，促进智能制造技术在全球的广泛应用和标准的对接，推动全球制造业的智能化发展。

近年来，面对新一轮工业革命，世界各国，尤其是发达国家，都在结合自身实际和优势，积极采取行动，抢占未来发展的战略制高点，确保本国在未来制造业竞争中的国际领先和主导地位，例如，美国提出的"先进制造业美国领导力战略"和"未来工业发展规划"、德国提出的"工业4.0战略计划"、英国提出的"英国工业2050战略"、法国提出的"新工业法国计划"、日本提出的"超智能社会5.0战略"、韩国提出的"制造业创新3.0计划"。分析这些国家的工业或制造业战略计划可以看出，多数国家结合本国国情以独特视角阐述了人类社会特别是工业或制造业的演进发展和代际划分，并以此作为推进本国制造业发展战略计划的理论基础。2015年，中国提出建设"制造强国"的计划和目标，并将智能制造作为主攻方向。尽管各国对工业或制造业的演进发展与代际划分有所区别，但都将发展智能制造作为本国构建新形势下制造业竞争优势的关键举措，并提出了相应的技术路线与策略。

2.2.2　智能制造的范式演进

广义而论，智能制造是一个大概念，是新一代信息技术与先进制造技术的深度融合，贯穿于产品、制造、服务全生命周期的各个环节及相应系统的优化集成，实现制造的数字化、网络化、智能化，不断提升企业的产品质量、效益、服务水平，推动制造业创新、协调、绿色、开放、共享、发展。智能制造作为制造业和信息技术深度融合的产物，其诞生和演变是和信息化发展相伴而生的，先后形成了智能制造的三种基本范式，即数字化制造——第一代智能制造，数字化网络化制造——"互联网+"制造或第二代智能制造，数字化网络化智能化制造——新一代智能制造。

从20世纪中叶到90年代中期，以感知、计算、通信和控制为主要特征的信息化催生了数字化制造。数字化制造是在制造技术和数字化技术融合的背景下，通过对产品信息、工艺信息和资源信息进行数字化描述、集成、分析和决策，进而快速生产出满足用户要求的产品。数字化制造主要聚焦于提升企业自身的竞争力，提高产品设计质量和制造质量、提高劳动生产率、缩短新产品研发周期、降低成本和提高能效。

从20世纪90年代中期开始，以互联网大规模普及应用为主要特征的信息化催生了数字化网络化制造。"互联网+"制造是在数字化制造的基础上，深入应用先进的通信技术和网络技术，用网络将人、流程、数据和事物连接起来，联通企业内部和企业间的"信息孤岛"，通过企业内、企业间的协同和各种社会资源的共享与集成，实现产业链的优化，快速、高质量、低成本地为市场提供所需的产品和服务。先进制造技术和数字化网络化技术的融合，使得企业对市场变化具有更快的适应性，能够更好地收集用户对使用产品和对产品质量的评价信息，在制造柔性化、管理信息化方面达到了更高的水平。

当前，工业互联网、大数据及人工智能等技术实现重要突破和融合应用，以新一代人工智能技术为主要特征的信息化开创了制造业数字化网络化智能化制造（新一代智能制造）的新阶段。新一代智能制造的主要特征表现在制造系统具备了"认知和学习"能力。通过深度学习、增强学习、迁移学习等技术的应用，新一代智能制造中制造领域的知识产生、获取、应用和传承方式都将发生革命性变化，显著提高创新与服务能力。新一代智能制造将给制造业带来革命性变化，是真正意义上的智能制造。

需要强调的是，我国制造业有着世界上门类最齐全、独立完整的产业体系，包括以机电产品制造为主体的离散型制造业和石化、冶金、建材、电力等流程型制造业。《教程》讨论的智能制造工程包括了离散型制造业和流程型制造业的数字化网络化智能化。

2.3 中国制造强国建设与智能制造

制造业是国民经济的主体，是立国之本、兴国之器、强国之基。18世纪中叶开启工业文明以来，世界强国的兴衰史和中华民族的奋斗史一再证明，没有强大的制造业，就没有国家和民族的强盛。中华人民共和国成立后，尤其是改革开放以来，我国制造业持续快速发展，建成了门类齐全、独立完整的产业体系，有力推动工业化和现代化进程，显著增强综合国力，支撑世界大国地位。然而，与世界先进水平相比，中国制造业仍然大而不强，在自主创新能力、资源利用效率、产业结构水平、信息化程度、质量效益等方面差距明显，转型升级和跨越发展的任务紧迫而艰巨。进入新时代，国家确定并全力推进制造强国建设计划，强调坚持走中国特色新型工业化道路，以促进制造业创新发展为主题，以提质增效为中心，以加快新一代信息技术与制造业深度融合为主线，以推进智能制造为主攻方向，以满足经济社会发展和国防建设对重大技术装备的需求为目标，强化工业基础能力，提高综合集成水平，完善多层次多类型人才培养体系，促进产业转型升级，培育有中国特色的制造文化，实现制造业由大变强的历史跨越。

党的十九大报告指出：加快建设制造强国、加快发展先进制造业。智能制造是推进中国制造向中国创造、中国速度向中国质量、中国产品向中国品牌三大转变，实现中国制造业转型升级的主要路径。加快发展智能制造，不但有助于企业全面提升研发、生产、管理和服务的数字化网络化智能化水平，提高企业生产效率，持续改善产品品质，满足在新常态下企业迫切希望实现创新和转型升级的需求，同时还将带动众多新技术、新产品、新装备快速发展，催生出一大批新应用、新业态和新模式，驱动新型产业的快速成长，为经济增长注入强有力的新动能，带动中国制造业保持中高速增长、迈向中高端水平。同时，智能制造是经济发展和科技创新的重要交汇点，是中国制造业创新发展的主要抓手。智能制造正在引领和推动新一轮工业革命，引发制造业发展理念、制造模式发生重大而深刻的变革，重塑制造业的技术体系、生产模式、发展要素及价值链，推动中国制造业获得竞争新优势，推动全球制造业发展步入新阶段，实现社会生产力的整体跃升。

当前，中国和发达国家掌握新一轮工业革命核心技术的机会是均等的，这为我国制造业发挥后发优势、实现跨越发展提供了可能和契机。我国制造业具有自己的发展特色与独特优势。经过中华人民共和国成立七十多年，特别是改革开放四十多年的快速发展，中国已经成为世界制造大国，中国制造正处在从数量扩张向质量提升发展的关键阶段。面向 2035 年，正是"智能制造"这个新一轮工业革命核心技术发展的关键时期，中国制造业完全可以抓住这一千载难逢的历史机遇，瞄准智能制造主攻方向，实现战略性的重点突破、重点跨越，实现中国制造业的跨越发展、建设制造强国的伟大目标。

2.4　智能制造相关产业与产业链

智能制造应用广泛，产业链包括产品设计、生产、物流、销售、服务等各个环节，涵盖了智能制造装备、智能生产、智能服务等产业，包括工业互联网、工业大数据、工业软件等，以及上述环节有机融合的智能生产系统集成，应用于多个行业领域。随着制造业智能化的升级改造，我国智能制造相关产业呈现逐年较快增长的趋势。根据前瞻产业研究院整理，2016 年中国智能制造相关产业产值规模达 12 233 亿元，2020 年约为 25 056 亿元，预计 2022 年中国智能制造相关产业产值规模将增长至 33 137 亿元。

对于生产制造环节而言，智能制造产业链主要包括智能制造装备、智能生产、智能服务三大部分。其中，智能制造装备是先进制造技术与新一代信息技术在装备产品上的集成和融合，体现了制造业的数字化、网络化和智能化的发展要求。2019年，我国智能制造装备市场规模达到 17 775 亿元，主要包括智能化高端装备、重大集成智能装备、智能测控装备和其他装备，占比分别为 42%、16.2%、15.4% 和 26.4%。除了装备和其他软硬件以外，智能制造要实现先进技术集成和融合应用，必不可少地还需要综合解决方案。智能制造解决方案主要是指用于研发、制造、物流、企业管理等环节的各种控制、优化和管理系统，以及包括基于智能装备的系统集成业务。未来，智能制造解决方案将保持较高的增长速度。

我国开展制造强国建设以来，智能制造表现出良好、强劲的发展势头。根据对全国十个城市 1 815 家企业的抽样调查，73% 的企业有强烈的实施智能制造意愿；又据对智能制造相关项目的调查，2015—2017 年的 308 个项目进行智能化改造后，生产效率平均提高 34%，能源利用率平均提高 17.2%，运营成本平均降低 22%，产品研制周期平均缩短 32.4%，产品不良品率平均降低 29.4%。实践表明，越来越多的企业对开展智能制造建设具有强烈的需求和主动性，特别是在新冠肺炎疫情期间，实现智能制造改造的企业能够快速恢复生产，响应市场变化，助力疫情防控和复工复产。可以预见，相关行业、企业对智能制造相关人员的需求将呈现快速增长态势。

2.5   智能制造工程教育

为了适应行业和企业对于智能制造人才的迫切需求，我国高校迅速做出积极回应，面向国家需要和科技发展趋势，适时开展智能制造工程教育，深入推动学科专业建设、知识体系创新和课程改革。目前，我国智能制造工程教育发展有两种典型发展模式：一种是新设立智能制造工程专业；另一种是将传统机械类专业与智能制造新的知识体系相融合并进行升级转型。

2.5.1   新设立智能制造工程专业

2017 年以来，教育部积极推进新工科建设，积极探索工程教育的中国模式和中国经验，着力推动高等教育现代化。新工科专业，一方面主要针对新兴产业的专业，以互联网和工业智能为核心，包括大数据、云计算、人工智能、区块链、虚拟现实、智能科学与技术等相关专业；另一方面，是将人工智能、云计算、智能制造、机器人等新的理论和技术用于传统工科专业的改造升级，是传统工科的新发展。相对于传统的工科人才，未来新兴产业和新经济需要的是创新能力和实践能力强、具备国际竞争力的高素质复合型新工科人才。智能制造工程专业立足新工科培养理念，主要涉及智能产品设计与制造、智能装备故障诊断与运维、智能工厂系统运行与管理、智能制造系统集成等，培养能够胜任智能制造系统建模与分析、设计与制造、集成与运营等工作的，多学科交叉融合的复合型工程技术人才。

2.5.2   原有专业的改造升级

部分高校虽然未新设立智能制造工程专业，但是在传统机械类专业中有效地融入了智能制造相关的新知识体系和课程内容，未改变专业名称，但将原有机械类专业改造升级为适应新工科要求的专业。

2.6 智能制造工程人才培养

2.6.1 人才现状与需求

智能制造工程人才包括在制造业领域中从事与智能制造相关工作的工程技术人员、技能人员、管理人员。其中，智能制造工程技术人员是指从事智能制造相关技术的研究、开发，对智能制造装备、生产线进行设计、安装、调试、管控和应用的工程技术人员。目前，机械类、计算机类、仪器类、电子信息类、自动化类等专业领域仍是智能制造工程技术人员的主要来源。

我国智能制造人才发展具有阶段性、动态性和不平衡性等特点，对智能制造人才需求也是不平衡和多样化的，既需要掌握新一代信息技术的专业性人才，也需要具备机电、控制、计算机等专业知识的跨学科人才，同时还需要具有交叉学科背景的系统级人才。据中国机械工程学会2020年《智能制造领域人才需求预测报告》预测：到2025年，智能制造工程技术人员需求量约为380万人，缺口数量将接近100万人。该报告还预测：企业对智能制造工程技术人员的需求将快速增长，信息工程紧缺程度最高，为非常紧缺；运维工程、系统工程和管理工程岗位从业人员的紧缺度较高，为比较紧缺；设计工程和制造工程岗位从业人员的紧缺度较低，为一般紧缺。

2.6.2 培养方案的特点

智能制造不断发展的背后，亟需大量高级专门人才的支撑，人才的培养与成长成为大学、企业共同面临的突出问题，需要学术界、产业界、政府等多方面协力解决。当前，我国智能制造工程人才的培养呈现以下特点。

（1）体系重构。面向智能制造工程人才培养的理论知识、专业能力和基本素质，与传统制造业时代的要求有很大不同。为适应新形势下的智能制造人才培养与成长，亟需构建新的知识体系、素质内涵和能力要求，以应对未来的挑战和发展。《教程》第3章和第5章将详细介绍相关新的基础理论与知识体系。

（2）多元复合。面向智能制造的需求，人才培养与成长必须打破传统的单一教育模式，构筑起新制造模式下的专业技能培养训练体系，在人才的创新思维、学习能力、职业精神、协同合作等方面进行系统学习和培养，在人才健康快速成长上强化实践、学以致用。智能制造培养方案涵盖多元化赋能技术与技能，跨学科、跨门类、综合化、复合型的特点十分鲜明。《教程》第6章将详细介绍相关专业核心课程。

（3）校企合作。智能制造工程人才必须在理论与实践、知识与技能的相互融合中才能真正得到锻炼与提高。创新的主体是企业，校企合作是培养智能制造人才的必备途径，可弥补大学工程教育、高职技能教育在师资队伍、工程实践和技术升级等方面的不足，为有针对性的人才培养提供广阔空间和丰富实践。通过校企深度合作，可为智能制造工程人才的培养与成长搭建创新平台。《教程》第7章将详细介绍相关实践教育教学体系。

_ 第 3 章 _

智能制造工程教育中的学生培养

3.1 概述

制造业是国民经济的主体，是立国之本、兴国之器、强国之基。打造具有国际竞争力的制造业，是提升综合国力、保障国家安全、建设世界强国的必由之路。我国是制造大国，2020年制造业增加值占世界份额已达30%，但还不是制造强国，仍存在自主创新能力不强、产品质量不高、劳动生产率低、资源和环境挑战严峻、产业结构转型升级迟缓五个方面的突出问题。进入新时代，加快建设制造强国、发展先进制造业成为我国的国家战略。顺应第四次工业革命的发展趋势，把握制造数字化、网络化、智能化的发展机遇，以智能制造为主攻方向推动产业技术变革和结构优化升级，促进制造业产业模式和企业形态根本性转变。

推进智能制造的发展，最根本的要靠人。培养和造就一支高素质高水平的智能制造工程人才队伍，是推进智能制造发展的首要任务，更是实现制造业智能升级的重要保证。智能制造是先进制造技术与新一代信息技术的深度融合，实现智能制造是一项系统工程。智能制造工程到底需要培养什么样的人，智能制造工程人才应该具备哪些核心能力和专业素养，这些都是要明确的重要问题。未来工程师应当具备家国情怀、创新创业能力、跨学科交叉融合的专业背景、批判性思维、全球视野、自主终身学习的能力、沟通与协商能力、工程领导力、环境和可持续发展理念、数字化能力等，这些要求为智能制造工程人才的培养提供了导向。

2021年9月，习近平总书记在中央人才工作会议上发表重要讲话时强调，坚持面向世界科技前沿、面向经济主战场、面向国家重大需求、面向人民生命健康，深入实施新时代人才强国战略，全方位培养、引进、用好人才，加快建设世界重要人才中心和创新高地，为2035年基本实现社会主义现代化提供人才支撑，为2050年全面建成社会主义现代化强国打好人才基础。当前，我国进入了全面建设社会主义现代化国家、向第二个百年奋斗目标进军的新征程，我们比历史上任何时期都更加接近实现中华民族伟大复兴的宏伟目标，也比历史上任何时期都更加渴求人才。要实现我们的奋斗目标，高水平科技自立自强是关键。综合国力竞争说到底是人才竞争。人才是衡量一个国家综合国力的重要指标。国家发展靠人才，民族振兴靠人才。我们必须增强忧患意识，更加重视人才自主培养，加快建立人才资源竞争优势。要造就规模宏大的青年科技人才队伍，把培育国家战略人才力量的政策重心放在青年科技人才上，支持青年人才挑大梁、当主角。要培养大批卓越工程师，努力建设一支爱党报国、敬业奉献、具有突出技术创新能力、善于解决复杂工程问题的工程师队伍。要调动高校和企业的积极性，实现产学研深度融合。

本章主要介绍智能制造工程教育的培养目标、学生应掌握的基本理论知识、毕业要求、职业能力和创新人才培养等。

3.2   智能制造工程教育的培养目标

智能制造工程教育致力于培养德智体美劳全面发展，具有数学、自然科学基础和机械、信息、控制、人工智能、管理、人文社科等相关学科知识以及国际视野；具备面向制造工程实践发现、分析、解决智能制造领域的复杂工程问题能力；身心健康并具有良好道德修养、社会责任感和终身学习能力的高素质专门人才。他们能够在企事业单位从事智能制造相关产品及系统技术的研究、开发、管理和服务，胜任智能装备与产线设计开发应用、智能生产管控与产线运维、智能制造技术运用与服务等某一方面的工作，成为本领域的技术骨干或管理人员。

智能制造工程教育的主干学科有机械工程、计算机科学与技术、控制科学与工程、管理科学与工程。

3.3   学生应掌握的基本理论知识

3.3.1   应掌握的制造工程基础知识

（1）力学基础（工程力学、热力学、流体力学等）。

（2）机械设计基础（工程图学与三维建模、机械原理与机械设计、现代设计理论与方法等）。

（3）制造工程基础（工程材料与成形工艺、机械制造技术基础、智能制造工程导论等）。

（4）电学基础（电工电子技术、测试技术基础等）。

（5）传动与控制技术基础（液压与气压传动、控制工程基础、机电传动控制、计算机与智能控制基础等）。

3.3.2   应掌握的数字化、网络化基础知识

（1）计算机技术基础（程序设计语言、智能制造相关工业软件的选择与使用方法等）。

（2）建模与仿真技术（建模与仿真软件的使用方法、机电系统建模与仿真技术、

智能制造多学科复杂系统建模与仿真技术）。

（3）互联网（特别是移动互联网）、云计算、大数据、网络与信息安全、服务器等技术在制造工程中的应用。

3.3.3 应掌握的智能赋能技术相关基础知识

（1）智能传感技术：人工智能与传感技术的融合。

（2）通信技术：人工智能与互联网、5G技术的融合。

（3）计算技术：人工智能与云计算、大数据的融合。

（4）智能控制技术：人工智能与传统控制技术的融合。

3.4 毕业要求

毕业生应获得以下几方面的知识和能力：

（1）工程知识。能够将数学、自然科学、工程基础和专业知识用于解决智能制造工程领域的复杂工程问题。

（2）问题分析。能够应用数学、自然科学和工程科学的基本原理识别、表达问题，并通过文献研究分析智能制造领域的复杂工程问题，以获得有效结论。

（3）设计/开发解决方案。能够设计针对智能制造领域的复杂工程问题的解决方案，设计满足特定需求的软、硬件系统或智能制造工艺流程，能够在设计与开发中体现创新意识，并考虑社会、健康安全、法律、文化以及环境等因素。

（4）研究创新。能够基于科学原理并采用科学方法对智能制造领域的复杂工程问题进行研究，包括设计产品、制造、控制、分析与解释说明，并能通过信息综合得到合理有效的结论。

（5）使用现代工具。能够针对智能制造领域的复杂工程问题，开发、选择与使用恰当的技术、资源、现代工程工具和信息技术工具，包括对复杂工程问题的预测与模拟，并能够理解其局限性。

（6）工程与社会。能够基于工程相关背景知识进行合理解释和分析，评价智能制造工程方案对社会、健康、安全、法律以及文化的影响，并理解应承担的后果。

（7）环境和可持续发展。能够理解和评价针对智能制造领域的工程实践对环境、社会可持续发展的影响。

（8）职业规范。具有人文社会科学素养、社会责任感，能够在工程实践中理解并遵守工程职业道德和规范，履行责任。

（9）个人和团队。能够在多学科背景下的团队中承担个体、团队成员以及负责人的角色。

（10）沟通与交流。能就智能制造领域的复杂工程问题与业界同行及社会公众进行有效沟通和交流，包括撰写技术报告和设计演示文稿、陈述发言、清晰表达或回应指令，并具备良好的国际视野，能够在不同文化背景下进行沟通和交流。

（11）项目管理。理解并掌握工程项目研发和管理的原理和决策方法，并在多学科交叉环境中应用。

（12）终身学习。具有自主学习和终身学习的意识，有不断学习和适应发展的能力。

3.5　职业能力

参照由中华人民共和国人力资源和社会保障部、工业和信息化部制定的《国家职业技术技能标准——智能制造工程技术人员（2021年版）》[*]中对初级工作要求的规定，智能制造工程专业培养的学生应具备智能制造共性技术运用、智能制造咨询与服务的基本职业能力，同时每所高校可以根据学校的人才培养定位在智能装备与产线的设计开发、智能装备与产线应用、智能生产管控、装备与产线智能运维等职业功能中确定学生培养的职业发展方向。

3.5.1　智能制造共性技术运用

1. 运用智能赋能技术

（1）能运用工业互联网、工业大数据和工业人工智能等智能赋能技术，解决智能制造相关单元模块的工程问题。

（2）能掌握网络安全基本要素，并按照网络安全规范进行操作。

2. 运用工业软件建模、仿真技术

（1）能运用工业软件建模与仿真技术进行智能制造单元模块的数字化产品设计与开发。

（2）能运用工业软件建模与仿真技术进行智能制造单元模块的产品工艺设计与制造。

3. 运用智能制造体系架构构建方法和质量管理、精益生产管理方法

（1）能按照智能制造体系架构的要求进行智能制造单元级的建设与集成。

（2）能运用质量管理、精益生产管理等方法进行智能制造系统单元级的管理与运行。

3.5.2　智能装备与产线的设计与开发

1. 进行智能装备与产线单元模块的功能设计

（1）智能装备与产线单元模块的功能设计。

---

　* 2021年2月22日，在中华人民共和国人力资源和社会保障部网站上发布了全文。

（2）智能装备与产线单元模块的三维建模。

（3）智能装备与产线单元模块的选型。

（4）智能装备与产线单元模块功能的安全操作设计。

2. 设计智能装备与产线单元模块的生产工艺

（1）智能装备与产线单元模块的工艺设计与仿真。

（2）智能装备与产线单元模块控制系统的开发。

3. 测试智能装备与产线的单元模块

（1）智能装备与产线单元模块的功能、性能测试与验证。

（2）智能装备与产线单元模块测试结果的分析。

3.5.3　智能装备与产线应用

1. 设计智能装备与产线单元模块的安装、调试和部署方案

（1）智能装备与产线单元模块安装、调试的工艺设计与规划。

（2）智能装备与产线单元模块安装、调试工作流程的数字化设计。

2. 安装、调试、部署和管控智能装备与产线的单元模块

（1）智能装备与产线单元模块的加工工艺编制与虚拟仿真调试。

（2）智能装备与产线单元模块的现场安装和调试。

（3）智能装备与产线单元模块的标准化安全操作。

3.5.4　智能生产管控

1. 配置、集成智能生产管控系统和智能检测系统的单元模块

（1）能根据智能生产管控系统总体集成方案进行单元模块的配置。

（2）能进行智能管控系统单元模块与控制系统、智能检测系统单元模块及其他工业系统的集成。

（3）能进行智能装备与产线单元模块操作过程中的安全管控。

2. 监测智能生产管控系统的单元模块，并进行数据分析

（1）能进行单元模块数据的采集和监测。

（2）能进行单元模块数据的分析。

3.5.5　装备与产线智能运维

1. 配置、集成智能运维系统的单元模块

（1）能进行智能运维系统单元模块的配置。
（2）能进行智能运维系统单元模块的集成。

2. 实施装备与产线的监测与运维

（1）能进行智能运维系统单元模块与装备及产线的集成。
（2）能进行装备与产线单元模块的维护作业。
（3）能进行装备与产线单元模块的故障告警安全操作。

3.5.6　智能制造咨询与服务

1. 技术咨询

（1）能进行智能制造单元模块的技术需求调研。
（2）能进行智能制造单元模块的技术评估。

2. 技术服务

（1）能进行智能制造单元模块技术的测试。
（2）能进行智能制造单元模块的技术实施服务。

3.6　智能制造工程创新人才的培养

1. 需求导向，特色发展

　　智能制造是一个多学科交叉融合的系统工程，人才培养规格是多元化的。坚持多元、开放、融合、特色发展，不同类型的高校要结合自己的办学定位、培养目标、优势和特色，构建多样化的课程体系、教学内容和实践平台，满足学生多样化的成长需求。

2. 交叉融合，赋能制造

　　智能制造工程，智能是主导和手段，是赋能技术；制造是主体和核心，是智能制造的落脚点。坚持以需求为导向，培养学生以追求制造的高质量、高效率、低成本、绿色化为目标，多学科交叉融合，应用赋能技术协同解决制造领域复杂工程问

题的能力。构建宽基础、多学科交叉融合的创新人才培养体系。

3. 开放合作，协同育人

积极开展校际合作、校企合作、国际合作，加强学校与政府部门、企业、科研院所的合作，深化科教融合、产教融合，在师资培养、资源共建共享、实践基地建设、创新创业能力培养等领域，推进智能制造工程多方协同育人模式的创新。

4. 质量为本，持续改进

以学生成长为中心，提高人才培养质量为根本，积极推进智能技术与教育教学的深度融合，改革教学方法和评价机制，推动课堂教学革命。因课制宜、科学设计，开展混合式教学、项目式教学、研讨式教学、探究式教学、社会参与式以及做中学等教育教学模式改革和创新实践。

_ 第 4 章 _

智能制造工程教育条件

4.1　概述

为保证高校正常开展教育教学活动，有效促进教学质量的持续改进，国家规定了普通高等教育的基本办学条件。依据相关办学指标的评价功能及重要性，划分为"基本办学条件指标"和"监测办学条件指标"两类。基本办学条件指标包括生师比、具有研究生学位教师占专任教师的比例、生均教学行政用房面积、生均教学科研仪器设备值、生均图书册数。这些指标是衡量普通高等学校基本办学条件和核定年度招生规模的重要依据。监测办学条件指标包括具有高级职务教师占专任教师的比例、生均占地面积、生均宿舍面积、百名学生配教学用计算机台数、百名学生配多媒体教室和语音实验室座位数、新增教学科研仪器设备所占比例、生均年进书量。这些指标是基本办学条件指标的补充，为全面分析普通高等学校办学条件和引进社会监督机制提供依据。

4.2　师资

师资队伍是学科专业建设和人才培养的关键，智能制造人才培养需要一支在知识、能力、经历、素质等方面均能胜任学科专业建设和工程科技人才培养工作的教师队伍。专任师资队伍的数量由专业学生人数、开出的课程门数与学时总数以及培养水平确定。

师资队伍应注重强调多学科专业的交叉融合和学科专业的工程性背景。专任教师应具有完成教学计划中各项教学任务的能力和资质。师资队伍的质量包括师德师风、教育背景、工程背景、学缘结构、年龄结构、教学能力、学识水平和研究能力、沟通能力、对专业发展的见解，以及与企业界的联系等。

4.2.1　专业课程教师

开展智能制造工程教育，应具备一支数量足够、具有学术造诣的专业课程教学师资队伍，能开出培养智能制造工程人才所需的相关课程，能指导学生高质量地完成专业实习、课程设计、项目训练、毕业实习和毕业设计等专业教学任务。

1. 结构合理的专业课程师资队伍

高水平的专业课程师资队伍是保证专业教学质量的关键。由教授领衔，年龄、学历、职称和学缘结构合理的专业师资队伍是一所本科院校开展智能制造工程教育的基本办学条件，同时根据需要配备一定数量的企业或行业专家作为兼职教师。

由于智能制造工程教育开展的时间较短，教师队伍建设的重点主要体现在教师个体专业学术水平的提升和教师队伍结构的优化两个方面。

教师个体专业学术水平的提升在于改造和更新自身的知识体系与构成，按照传统工科专业转型升级的要求，将新一代信息技术、人工智能和关联学科的知识渗透或融入教师原先所具有的工程专业知识体系中，使每位教师能够胜任智能制造工程人才培养的任务。

教师队伍结构优化的重点在于队伍的专业和年龄结构优化。一方面，要注重引进具有信息技术、人工智能等相关专业背景的教师充实教师队伍，改变原有队伍的专业结构，使他们在影响原有专业课程教师的同时，也受到原有专业课程教师的学术熏陶，共同胜任智能制造工程人才培养的任务。另一方面，应着力推动学科交叉和跨专业教师聘任机制的建立，鼓励教师跨学科专业授课、学生跨学科专业修读等开放举措。应注重提高从事智能制造工程教育的中青年教师比例，通过各种途径，加强对中青年教师的培养，使他们不断更新知识体系，完善知识结构，逐步成长为专业骨干教师。

2. 基本教职条件

新任智能制造工程专业课程教师应具有与智能制造学科相关的硕士以上学位等良好的教育经历，具有足够的教学能力、专业水平、工程背景、沟通能力、职业发展能力，能够开展工程实践问题研究，参与学术交流。学校应当有明确的措施，保证新任教师的培养和培训工作，帮助其提高学术水平和教学能力，引导和鼓励他们理论联系实际，参加实验教学和实验室建设工作。

3. 从事科学研究和技术开发的能力

智能制造工程专业课程教师应能从事与本领域相关的科学研究和技术创新工作，能将研究工作的成果在学术刊物上发表或在专业学术会议上交流，能将研究成果和产业技术发展成就转化为教学内容，融入教学之中，及时更新专业知识，丰富教学内容。

本专业课程教师的知识结构应强调多学科专业的交叉融合，要关注一些新兴、交叉和学科前沿，尤其是与智能制造相关的新技术，同时要求在掌握本学科专业坚实基础理论和系统深入专门知识的基础上，还要注重学科交叉，能够将相关学科知识融入并促进本学科专业的发展，或者应用其他学科知识和方法解决本学科专业的复杂问题。

4. 专业课程教师应当具有工程背景

为了保证智能制造工程教育的教学水平与培养质量，专业课程教师的工程背景应能满足智能制造工程专业教学的需要。应采取多种措施提高教师工程实践能力，鼓励教师加强工程实践训练，提高工程实践能力，进而更好地把工程实际知识融入教学，有利于学生掌握工程实践知识，促进相关毕业要求的达成。

鼓励专业课程教师参加企业和社会实践。在工程背景和工程经历方面，关注新技术和新产业的发展，要求了解新技术和先进工程设备的使用，掌握应对新产业问题的分析处理方法，与产业界和企业保持密切的合作关系；在工程能力上，除了具备设计开发、技术创新和科学研究能力外，还要具备运用多学科知识、原理和方法解决复杂工程问题的能力，以及分析处理未来问题的能力。

应当聘用智能制造企业高级技术人员担任兼职教师或者讲座教师，与专任教师共同完成专业课程教学，或者独立开设讲座。

5. 设计和开展课程教学的能力

专业课程教师应了解和熟悉本领域的人才培养目标，清楚本专业的人才培养要求和课程体系。了解与本课程前后衔接课程的教学内容；积极进行教学方法改革，研究设计教学方案。授课中注意引导学生理论联系实际，提高学生分析问题、解决问题的能力，还能与时俱进地开出反映本专业最新发展方向的选修课程或者学术讲座。

6. 生师比应满足国家教育行政部门要求

为了保证教学质量，应该具有足够数量的专业课程教师。由于专业性质决定其生师比低于所在学校其他专业平均水平。确定生师比时，应适当考虑专业课程教师从事科学研究、合作开发、参加学术与工程交流活动，以及在企业兼职等需求。有继续教育与企业培训任务的专业，还应当考虑这些教学活动的需要。

4.2.2 基础课程与实践环节教师

除了智能制造工程专业课程外，通识基础课程和工程基础课程以及实验、实践环节是支撑智能制造工程专业教育必不可少的教学环节。这些课程的任课教师对智能制造工程人才的培养起着至关重要的作用。

1. 基础课程教师

在学习智能制造工程专业核心课程之前，学生首先要学习人文社会科学类通识课程、数学与自然科学类课程、工程基础类课程，这些课程的学习为学生打下深厚的知识基础，练就扎实的基本技能，使学生具备在专业领域内进行深入研究的潜力和强劲的适应能力。同时,基础课程教师的思想品德与学术修养将在很大程度上影响智能制造工程学生的发展潜力,所以除了在专业领域上对基础课程教师有要求,在思想品德和学术修养方面对其也有一定要求。

创新型智能制造人才培养需要思想品德高尚、学术造诣与教学水平高、教学效果好、以学生发展为中心注重教学改革与实践的高素质基础课程教师团队。

2. 实验、实践环节的教师

应有足够数量的素质高、业务精的实验课程教师,精心准备和细致地指导实验,营造良好的实验研究环境和氛围,确保学生深入理解实验要求,保证基本的实验研究技能的获得。

实践环节应当采用专业课程教师与具有大学实践教学资质的工程师、技师相结合的方式开展,充分调动学生的学习兴趣与积极性,理论与实践相结合,促进学生的知识运用,激发其求知创新的意识,提高其工程实践与创新能力。实习、实训等教学环节的教师队伍组成应当以专业课程教师为主体,工程师、技师为支撑,以适当的比例保证教学效果。

4.3　专业教育设备及资料

教室、实验室、实验设备和实习基地是教学活动最重要的硬件资源。教室、实验室和实验设备应能很好地支撑学生完成专业学习的全过程,保证本学科专业的日常教学运行。

应具备教学计划中教学实验和教学实训必要的现代化仪器设备以及计算机、信息设备,包括智能制造工程实践教学的相关设备,智能制造赋能课程,计算机软、硬件相关课程的教学实验设备。

应具有本学科专业教学所需的技术手册、技术标准、教学参考书、相关专业书籍等图书资料与专业期刊。有条件的学校还应有与学校图书馆联网的专用智能制造工程信息资料室或图书分馆。

应具备智能制造工程专业完整的教学计划,教学大纲,实验、实践环节的大纲和指导书,毕业设计指导书等规范性教学文件。

与企业合作共建实习和实训基地,在教学过程中为学生提供参与工程实践的平台。

4.4　必备的专业教育保障

财力支持、政策导向、制度保障、各级教学管理者的重视及教辅人员的配备等应有利于保证教学计划执行的时效性和连续性。

要有足够的财力支持师资队伍建设，学校在教师补充与人才引进、青年教师培养等方面有相关政策保障，能够有效支持教师队伍建设，吸引与稳定合格的教师，并支持教师自身的专业发展。

　　要有足够的财力用于教学实验设备的更新、维护和运行，以及实验器材消耗的补足与充实。要有足够的财力用于教学实验，学生实习、实训和创新活动的开展。

　　要有必要的教辅人员和教学服务体系保证教学计划的顺利实施，有利于教、学互动和教学信息的传递。

　　所有这些的关键是校、院、系负责人都始终要把人才培养作为第一要务，把保证教学质量作为神圣的职责，常抓不懈，把学科专业办出特色，办成品牌。

_ 第 5 章 _

智能制造工程知识体系

5.1 概述

本章介绍智能制造工程本科教育知识体系（Intelligent Manufacturing Engineering Education Knowledge，IMEEK）。智能制造是新一代信息技术与制造技术的深度融合。制造技术是本体技术，是主体，智能技术是赋能技术，是主导。本章从智能制造工程基础、智能设计原理与方法、智能制造技术与工艺、智能服务与制造新模式、智能制造系统建模与控制五个领域进行了知识体系梳理。限于篇幅，并留给各高校进一步探索的空间，本章未列出具体知识点，供参考的知识点以思维导图形式通过二维码链接呈现。《教程》主要以离散制造为研究对象，对于以流程制造为特色的高校，可自行做相应调整。

5.2 知识体系结构

《教程》将智能制造工程教育知识体系划分成三个层次：知识领域（Knowledge Area）、子知识领域（Sub Knowledge Area）和知识单元（Knowledge Unit）。一个知识领域可以分解为若干个子知识领域，一个子知识领域又可以分为若干个知识单元。

（1）知识体系的最高层是知识领域，它代表了特定的学科子域，通常被认为是本科生应该了解的智能制造工程知识体系的一个重要部分。知识领域是用于组织、分类和描述智能制造工程知识体系的高级结构元素，每个知识领域用英文字母缩写来标识，例如IM.ID，表示智能设计原理与方法知识领域。

（2）知识体系的第二层是子知识领域，表示知识领域中独立的主题模块。每个子知识领域采用在知识领域标识后添加一个由英文字母组成的后缀来表示，例如IM.ID.FD，表示智能设计原理与方法知识领域下的设计基础子知识领域。

（3）知识体系的第三层是知识单元，表示子知识领域中独立的专题模块。每个知识单元采用在子知识领域标识后添加一个数字组成的后缀来表示，例如IM.ID.FD.03，表示智能设计原理与方法知识领域下、设计基础子知识领域中关于现代设计理论与方法的知识单元。

5.3 专业教育组成

专业教育组成应包含相应的学科领域。教学计划对各组成部分都应给予相应的重视，保证充分的时间，符合专业培养目标。教学计划应保证学生能为工程实践做好准备，其毕业设计（论文）应能综合运用所学到的知识和技能，结合使用工程标准考虑各种实际制约因素，如经济、环境、可持续发展、道德、安全、社会、法律等各方面的因素。

专业教育知识体系应涵盖以下内容。

1. 数学类和自然科学类

数学类包括线性代数、微积分、微分方程、概率和数理统计、计算方法、积分变换等相关内容。

自然科学类包括物理和化学等相关内容。

2. 工程科学类、工程设计与实践类

工程科学类的科目以数学和基础科学为基础，更多地传授创造性应用方面的知识。一般应包括数学或数值技术、模拟、仿真和实验方法的应用，侧重于发现并解决实际的工程问题。

工程设计与实践类综合了数学、基础科学、工程科学和智能产品、智能生产、智能服务、智能制造系统等，以及满足特殊需要的加工工艺等方面的科目与实践性教学环节。工程设计是一个具有创造性、重复性的过程，并且通常是无止境的，要受到规范、标准或法律的约束。这些约束可能涉及经济、健康、安全、环境、社会或其他相关跨学科的因素。

工程科学类和工程设计与实践类还应包含必要的新一代信息技术内容，如信息物理系统、物联网、生产系统网络与通信等，使学生基本掌握系统融合与集成方法，具有系统思维能力和解决复杂系统工程问题的能力等。

建议和鼓励有条件的高校尝试使用状态空间法描述机、电、控制系统，建立内部变量和外部输入与测量输出之间的联系，用以对力学性能进行研究，并能利用数值计算方法进行状态变量的精确求解与分析。

学校要支持学生参与学科竞赛、工程项目或在假期中到企业实习或工作，以取得实践经验。要让学生理解专业工程师的作用和职责，了解工程师认证等实际问题。

3. 人文社会科学类

学习哲学、政治经济学、法律、社会学、环境、历史、文学艺术、人类学、外语、管理学、工程经济学和信息交流等方面的知识。

5.4 智能制造工程知识领域

智能制造工程教育知识体系包含5个知识领域：智能制造工程基础、智能设计原理与方法、智能制造技术与工艺、智能服务与制造新模式、智能制造系统建模与控制。每个知识领域及其子知识领域如表5.1所示。

表5.1 智能制造工程教育知识体系

知识领域		子知识领域	
编码	中英文名称	编码	中英文名称
IME.BIM	智能制造工程基础 Basics of Intelligent Manufacturing Engineering	IME.BIM.PIM	智能制造工程原理（Principle of Intelligent Manufacturing）
		IME.BIM.DT	数字化技术（Digital Technology）
		IME.BIM.NT	网络化技术（Network Technology）
		IME.BIM.IT	智能化技术（Intelligent Technology）
IME.ID	智能设计原理与方法 Principle and Method of Intelligent Design	IME.ID.BD	设计基础（Basics of Design）
		IME.ID.DNI	数字化、网络化、智能化设计（Digitized, Networked, Intelligent Design）
IME.TP	智能制造技术与工艺 Intelligent Manufacturing Technology and Process	IME.TP.DP	数字化生产（Digital Production）
		IME.TP.DME	数字化制造装备（Digital Manufacturing Equipment）
		IME.TP.LQ	精益生产与质量管理（Lean Manufacturing and Quality Management）
IME.ISM	智能服务与制造新模式 New Mode of Intelligent Service and Manufacturing	IME.ISM.MM	制造业新模式（New Mode of Manufacturing Industry）
		IME.ISM.MS	制造服务与智能运维（Manufacturing Services and Intelligent Maintenance）
IME.MC	智能制造系统建模与控制 Modeling and Control of Intelligent Manufacturing System	IME.MC.IMS	智能制造系统（Intelligent Manufacturing System）
		IME.MC.SF	系统集成与体系架构（System Integration and System Framework）
		IME.MC.DTIM	智能制造系统数字孪生（Digital Twin for Intelligent Manufacturing）

5.4.1 智能制造工程基础

智能制造是新一代信息技术与制造技术的融合，体现了多学科专业的交叉。因

智能制造工
程基础知识
领域

此，制造技术基础与电子信息技术构成了智能制造工程基础。

1. 基本要求

（1）掌握工程材料结构与性能，材料改性原理、工艺及选用原则；掌握加工原理与方法，了解和掌握加工工艺的基本原理和基本知识。

（2）掌握电路分析的基本理论、基本知识和基本技能，能够分析直流、交流电路；掌握半导体器件的基本工作原理，能够分析典型的模拟电子电路；掌握数字逻辑的基本理论和基本知识，能够分析与设计简单的数字逻辑电路。

（3）了解计算机系统的组成与原理，掌握嵌入式系统的硬件、软件体系，能够设计简单的嵌入式程序；掌握一门高级计算机程序设计语言，了解面向对象的编程思想，掌握常见的数据结构与算法，能够开发简单的应用程序；掌握数据库的基本理论和基本知识，能够设计简单的数据库并开发基于数据库的应用程序。

（4）了解测试系统的组成与原理，了解常用的传感器及其应用，掌握基本的信号处理方法，能够构建简单的测试系统和测量常用的物理量。

（5）掌握自动控制的基本理论和基本知识，能够分析与设计简单的控制系统；了解计算机控制系统的种类及其基本工作原理，掌握数字控制的基本原理，能够设计简单的数字控制系统。

（6）了解通信系统构成，掌握信息量与熵的概念与计算，了解信号源与信号通道编码的基本原理，了解调制与解调的基本概念与类型。

（7）了解计算机网络的层次结构，掌握各层的常见协议原理，了解物联网的基本概念与组成，了解信息物理系统的基本概念与组成。能够分析、设计简单的车间网络，了解工业网络安全的基本理论、基本知识和基本技能。能够分析、设计简单的安全网络。

（8）掌握工业大数据的基本概念，了解大数据的采集、预处理、存储、分析的基本原理与系统，了解大数据的应用场景，了解主流的大数据体系架构。

（9）了解云计算的基本概念与系统构成，了解工业云平台的系统构成与作用。

（10）掌握机器学习的基本原理与分类、机器学习/深度学习建模、训练与评估方法，以及常见的机器学习/深度学习库；了解深度学习在计算机视觉/自然语言处理领域的典型应用、机器视觉的系统构成与工作流程，掌握基本的机器视觉算法，并应用于生产系统中。

2. 子知识领域的具体描述

为使智能制造工程专业（方向）本科生具有扎实的基础理论和专业知识，基于认知规律和设计能力培养的渐进性，并结合工程设计的特点，将智能制造工程基础知识领域划分为表5.2所示的4个子知识领域。其中，"智能制造工程原理"主要包括基本的制造技术与材料科学基础等内容；"数字化技术"主要包括电子电路、计算机组成原理、数据库原理、高级计算机语言编程技术、传感与测试技术、自动控制技术等内容；"网络化技术"主要包括通信原理与网络技术、网络安全技术等内容；"智能化技术"主要包括数据处理与分析，机器学习与深度学习的基本原理、常用模型及应用，以及云计算与云服务概念与应用、工业大数据体系与分析原理及应用等内容。

表5.2 智能制造工程基础知识领域包含的4个子知识领域及其描述

编码	中英文名称	描述
IME.BIM.PIM	智能制造工程原理 Principle of Intelligent Manufacturing	掌握智能制造过程中涉及的材料的基本类型、选择、表面处理方法、加工方法等
IME.BIM.DT	数字化技术 Digital Technology	掌握电子、电路理论，测量系统，传感器与信号处理，计算机组成理论，数据库概念与应用，计算机语言编程与数据结构
IME.BIM.NT	网络化技术 Network Technology	掌握通信原理与网络层次模型、移动通信，常见的工业通信协议与应用，掌握网络安全的基本概念，了解常见的网络攻击手段与工业网络安全策略
IME.BIM.IT	智能化技术 Intelligent Technology	掌握机器学习、深度学习、知识图谱的基本概念，掌握机器学习与深度学习的建模、训练、评估过程，能够针对工业应用场景，运用智能化技术，了解大数据、云计算的基本概念、关键技术与工业应用

智能制造工程基础各子知识领域的知识单元见表5.3～表5.6。

表5.3 智能制造工程原理子知识领域的知识单元

编码	中英文名称	描述
IME.BIM.PIM.01	材料科学基础 Materials Science	材料分类与性能、材料理论基础、金属材料的改性方法、常用材料、工程材料的合理选用
IME.BIM.PIM.02	机械制造技术 Mechanical Manufacturing Technology	成形技术、金属切削理论、机械加工精度与控制、装配工艺技术、制造模式与制造技术发展

表5.4 数字化技术子知识领域的知识单元

编码	中英文名称	描述
IME.BIM.DT.01	电工电子学 Electrical and Electronics	直流、交流电路分析，模拟电子电路分析，数字逻辑分析与设计
IME.BIM.DT.02	计算机技术 Computer Technology	计算机组成原理、数据库理论与应用、高级计算机语言与数据结构
IME.BIM.DT.03	传感技术 Sensor Technology	测量系统的组成与原理、常用的传感器及其应用、基本的信号处理方法
IME.BIM.DT.04	数字控制技术 Digital Control Technology	自动控制技术的基本理论、分析并设计简单的控制系统，计算机控制系统的组成与应用

表5.5　网络化技术子知识领域的知识单元

编码	中英文名称	描述
IME.BIM.NT.01	通信与网络技术 Communication and Network Technology	通信系统构成、信息量与熵、信号源与信号通道编码、调制与解调技术、移动通信技术、网络层次与功能、常用工业通信协议
IME.BIM.NT.02	网络安全 Cyber Security	网络安全概念、网络漏洞、计算机病毒与常见的网络攻击、网络安全防御技术、工业网络安全策略

表5.6　智能化技术子知识领域的知识单元

编码	中英文名称	描述
IME.BIM.IT.01	人工智能技术 Artifacts Intelligence Technology	机器学习的概念,机器学习的类别,常见的机器学习模型,机器学习模型的建立、训练与评估,深度学习主流模型及其组合应用
IME.BIM.IT.02	云计算 Cloud Computing	云计算的概念、常见的云服务模式、云平台架构、云组件、云计算的关键技术、云计算及云服务应用
IME.BIM.IT.03	大数据 Big Data	大数据的概念与特点、常见的工业大数据类型、典型大数据处理架构、大数据分析技术

5.4.2　智能设计原理与方法

智能设计原理与方法知识领域

　　产品设计是构思与确定合理的结构组成方案和工程技术细节,以满足和优化产品所期望的功能与性能指标要求的过程。智能产品作为一个复杂的系统,其设计过程是一个循环往复、非线性地逐步逼近最优结果的过程。设计准则的复杂性、设计方法选择的多样性、设计结果的不确定性以及设计效率提高的需求,使得支持产品设计的方法与技术手段从数字化设计发展到数字化网络化设计,并正在向数字化网络化设计与智能化设计进一步结合迈进。智能设计是在传统的机械产品设计中融入数字化技术、网络化技术和人工智能技术,建模与仿真是智能设计的核心,要利用各种数字化设计工具帮助设计人员进行各种建模、分析、仿真与优化工作,将其智慧与数字化网络化智能化设计支持工具密切配合。

1. 基本要求

　　(1)理解机械设计的目的、意义、基本要求和一般过程,能根据科技进步与市场需求进行设计,以提高产品的社会竞争力;了解设计规范,具有运用标准、规范、手册、图册及网络信息等技术资料的能力。

　　(2)掌握用计算机和徒手绘图的方法,具有阅读工程图样、进行形体设计和表达工程设计思想的能力;掌握互换性的基本理论,能进行零部件的精度设计。

　　(3)掌握力学基本理论与方法,并能用于处理机械工程实际问题。

（4）掌握机、电、液等控制系统的基本理论与工作原理，具有初步分析、处理机、电、液系统的能力。

（5）掌握机械设计与分析的基本理论、基本知识和基本技能，具有拟定机构及其系统运动方案、分析和设计机构的能力。

（6）了解智能设计的先进理论与方法，初步掌握设计方案的构思、设计模型的建立、设计模型的评价等方法的基本原理，并能用于解决简单工程实际问题。

（7）初步掌握基本机械实验技术，具有制定实验方案，进行实验、分析、仿真和分析数据的能力。

（8）了解智能产品总体设计的全过程及各部分设计协作的重要性及其方法。

2. 子知识领域的具体描述

为使智能制造工程专业（方向）本科生具有扎实的基础理论和专业知识，基于认知规律和设计能力培养的渐进性，并结合工程设计特点，将智能设计原理与方法知识领域划分为表5.7所示的2个子知识领域。其中，"设计基础"子知识领域主要包括机构运动与动力设计原理与方法、结构与强度设计原理与方法、精度设计原理与方法以及各类传动系统的基本原理等内容；"数字化、网络化、智能化设计"子知识领域主要包括利用各种数字化设计工具进行产品形体表达、模型建立以及仿真优化等。

表5.7 智能设计原理与方法知识领域包含的2个子知识领域及其描述

编码	中英文名称	描述
IME.ID.BD	设计基础 Basics of Design	能够解决机构设计中的运动学、动力学问题及智能制造系统组成单元的方案设计、工作能力设计和结构设计，包括标准零部件的选择计算等，掌握机电传动系统、流体传动系统的基本理论与工作原理，掌握可行、可靠、优化设计的理论与方法
IME.ID.DNI	数字化、网络化、智能化设计 Digitized, Networked, Intelligent Design	在计算机中建立产品的几何模型，包括零件、部件、装配体的二维和三维模型，涉及形状、尺寸、色泽、体积、重心、表面信息、材料信息等的准确表达，建立对产品物理组成的各方面特性和行为的数字孪生模型，并能够预测数字孪生体的未来，为产品的研发提供优化保障

智能设计原理与方法各子知识领域的知识单元见表5.8和表5.9。

表5.8 设计基础子知识领域的知识单元及其描述

编码	中英文名称	描述
IME.ID.BD.01	结构强度设计原理与方法 Principle and Method of Structural Strength Design	工程设计中强度校核、刚度验算和稳定性计算等，常用机构和通用零件的工作原理、性能特点、失效形式以及使用、维护的基础知识

续表

编码	中英文名称	描述
IME.ID.BD.02	机构运动与动力设计原理 Mechanism Kinematics and Dynamic Design Principles	运动副的种类和特点、机构运动简图、自由度分析、压力角以及传动角的概念、传动效率分析等,能够对零件、部件、机构进行结构设计、系统设计
IME.ID.BD.03	现代设计理论与方法 Modern Design Theory and Method	现代设计与传统设计的联系和区别,现代设计方法和设计理论;使用CAD、CAE及专家系统等方式对智能产品或复杂系统进行有限元分析、故障的预测、可靠性设计、摩擦学设计及优化设计
IME.ID.BD.04	传动与控制技术 Transmission and Control Technology	机电传动系统,如以各类电动机为主的传动系统的基本理论及工作原理;流体传动系统,包括液压、气动传动系统的基本理论及工作原理

表5.9　数字化、网络化、智能化设计子知识领域的知识单元及其描述

编码	中英文名称	描述
IME.ID.DNI.01	几何建模 Geometric Modeling	画法几何以及机械制图的专用表达方式,计算机图形学的基本知识,零件、部件、装配体的二维、三维模型的建立,以及模型渲染方法
IME.ID.DNI.02	物理建模 Physical Modeling	在产品数字化模型的基础上,对产品形状、结构和性能等采用计算机仿真技术进行仿真分析,鼓励使用状态空间的方法进行数值计算
IME.ID.DNI.03	产品数字孪生 Product Digital Twin	融入物理规律和机理的数字孪生仿真模型的建立,由已知物理规律分析预测产品未来状态的方法,智能计算模型、算法,可视化技术,智能化信息分析和辅助决策

5.4.3　智能制造技术与工艺

智能制造技术与工艺知识领域

　　智能制造技术与工艺处于智能制造技术的核心地位,属于多学科集成技术。其涉及范围广泛,既涉及制造对象和过程,也涉及制造装备本身的设计制造以及制造过程的生产组织管理。从不同的视角比较智能工艺与传统的制造工艺,可以得出不同视角下关注的特点,其中从广义工艺的视角来看,传统工艺仅聚焦于本企业的工艺规划设计,智能工艺规划则能制定出产业链/跨企业的优化工艺解决方案;从狭义工艺规划和编制及具体制造过程实现的角度来看,工艺人员可以在智能工艺规划系统的支持下,以人机一体化的方式开展工艺规划与编制;从制造装备与制造过程

控制的角度来看，智能感知、智能学习、智能决策、智能控制与自主执行则又体现了制造系统智能的重要特征。

1. 基本要求

（1）掌握现代设计技术和先进制造工艺技术特点，了解现代制造技术的研究现状以及发展趋势，能够在实际过程中选用现代加工制造的前沿技术及工艺方法。

（2）掌握数控加工全过程所必需的基础理论，能够通过数控机床操作实训掌握其完整的加工工艺设计流程。

（3）掌握计算机辅助工艺设计的基本概念、原理和方法，了解成组技术的概念及零件分类编码方法、生产流程分析方法和机床排列的量化分析；掌握零件工艺过程卡和工序卡的编制，并能应用于工程实际问题。

（4）掌握计算机图形学技术及相关核心算法，具有在虚拟环境中对机械加工、工装设计、生产布局、装配、检测等工艺过程设计规划以及仿真的能力。

（5）了解数字化机械装备、智能产线设计的基础理论、基本知识和方法，具有数字化设计的基本能力。

（6）掌握运动参数及动力参数的设计计算步骤，具有相关的结构设计技能及实验技能。

（7）了解生产数字孪生的基本概念及其内容，掌握实现生产数字孪生的方法与工具，能够构建面向数字孪生的工艺仿真、生产调度与过程控制等。

（8）了解精益生产的基本概念、基本理论和方法，掌握准时化生产、看板管理、均衡化生产、连续流生产、价值流分析法等基本原理，具备将各种具体管理方法在生产管理系统中应用的能力。

（9）了解常见的质量检测与分析方法，掌握质量数据的处理、统计与分析手段，具备现代质量检测与分析的能力；熟悉质量管理的基本理论和方法，了解质量管理的发展趋势，能够将质量管理应用于供应链管理及服务管理。

2. 子知识领域的具体描述

为了使智能制造工程专业（方向）本科生具有扎实的基础理论和专业知识，基于认识规律和设计能力培养的渐进性，并结合工程设计特点，将智能制造技术与工艺知识领域划分为表5.10所示的3个子知识领域。其中，"数字化生产"子知识领域主要培养学生的数字化加工、工艺设计，数字化工艺仿真、虚拟装配与调试等能力；"数字化制造装备"子知识领域着重培养学生对数控机床、加工中心、工业机器人、增材制造设备或其他专用设备的理论与实践能力，并培养其以系统化的思维对智能产线整体设计的能力；"精益生产与质量管理"子知识领域则将现代生产理念以及质量控制与管理方法传授给学生。

表5.10　智能制造技术与工艺知识领域包含的3个子知识领域及其描述

编码	中英文名称	描述
IME.TP.DP	数字化生产 Digital Production	生产工艺的数字化理论、相关技术以及相关软件，面向数字孪生的生产工艺设计与验证、生产过程管理与控制相关理论与技术应用
IME.TP.DME	数字化制造装备 Digital Manufacturing Equipment	数字化制造装备、夹具和产线的相关理论，结构参数、运动参数及动力参数的设计方法
IME.TP.LQ	精益生产与质量管理 Lean Manufacturing and Quality Management	精益生产的核心观念、精益管理的理论与精益改进方法及工具，产品质量管理体系、质量检测方法与途径、质量数据分析方法等

智能制造技术与工艺各子知识领域的知识单元见表5.11、表5.12和表5.13。

表5.11　数字化生产子知识领域的知识单元

编码	名称	描述
IME.TP.DP.01	数字化工艺设计 Digital Process Design	成组技术、数控工艺及设计标准化、CAPP技术、工艺设计软件的使用、数字化工艺仿真验证方法与数字化工艺仿真软件等的使用
IME.TP.DP.02	生产数字孪生 Production Digital Twin	面向数字孪生的工艺仿真、生产调度与过程控制等的定义与实现方法

表5.12　数字化制造装备子知识领域的知识单元

编码	名称	描述
IME.TP.DME.01	制造装备及设计方法 Manufacturing Equipment and Design Methods	制造装备的主要功能和特征、分类，机械制造装备技术先进的设计原理与方法，机械制造装备总体设计和结构设计
IME.TP.DME.02	智能装备——机床 Intelligent Equipment：Machine Tool	机床设计基础理论、机床总体设计、主传动系统、进给传动系统、智能控制系统
IME.TP.DME.03	智能装备——机床典型部件 Intelligent Equipment：Typical Parts of Machine Tools	主轴部件设计、支承件设计、导轨设计、机床刀架和自动换刀装置等
IME.TP.DME.04	工业机器人 Industrial Robot	机器人的运动功能、机器人的传动系统、机器人的机械结构系统、机器人的智能控制系统
IME.TP.DME.05	工装夹具设计 Fixture Design	机床夹具的功能、类型、组成、设计步骤，定位元件、夹紧机构的设计，定位误差的计算等

续表

编码	名称	描述
IME.TP.DME.06	增材制造设备 Additive Manufacturing Equipment	各种增材制造工艺的基本原理、主要特点、工艺过程;当前各主要增材制造工艺相应的设备及所用材料;增材制造技术在制造领域的应用等
IME.TP.DME.07	智能产线设计 Intelligent Production Line Design	产线方案设计及功能模块、产线单元基本组成;设备布局优化、生产物流规划以及信息集成等

表5.13　精益生产与质量管理子知识领域的知识单元

编码	名称	描述
IME.TP.LQ.01	精益生产管理 Lean Production Management	精益生产与精益思想的基本理念,精益生产管理体系的基本架构、主要目标以及主要内容;精益改进的主要方法与工具等
IME.TP.LQ.02	质量检测与分析 Quality Inspection and Analysis	常见的质量检测及分析方法,质量数据的处理、统计与分析等
IME.TP.LQ.03	质量管理与保证 Quality Management and Assurance	质量管理的理念、质量体系的建立和运行、质量管理方法、质量控制、可靠性模型及可靠性管理等

5.4.4　智能服务与制造新模式

　　智能服务以产品为媒介,用实时、多源、异构、海量的数据优化产品的系统质量、成本、交付时间和服务,在产品全生命周期内与客户进行互动,由数字化、网络化、智能化技术推动提供更好的服务,形成新型共赢的供需关系。以客户体验为基础的智能服务,推动制造业生产模式、组织模式与产业模式的革命性变革与升级换代。

智能服务与
制造新模式
知识领域

1. 基本要求

　　(1)了解制造服务的概念、内涵、目标与特点。

　　(2)理解规模定制化生产的四个要素,通过设计平台实现制造资源的全社会优化配置,可进行企业之间的业务流程协同、数据协同、模型协同,实现协同设计,实现研发设计、计划排产、柔性制造、物流配送和售后服务的集成和协同优化。

　　(3)理解制造业的协同创新与共享制造的组织模式,企业间、企业部门间实现创新资源、生产能力、市场需求的集聚与对接,在设计、供应、制造和服务环节实现并行组织和协同优化。

　　(4)理解远程运维服务的实现技术,掌握信息采集与控制系统的架构、自动诊断系统的原理、故障预测模型和故障索引知识库的搭建；了解装备（产品）远程无人操控、工作环境预警、运行状态监测、故障诊断与自修复等过程。

2. 子知识领域的具体描述

为使智能制造工程专业（方向）本科生了解在数字化、网络化、智能化技术的推动下，以智能服务为核心的制造业的新模式、新业态，将智能服务与制造新模式知识领域划分为表5.14所示的2个子知识领域。其中，"制造业新模式"子知识领域重点了解制造生产模式与组织模式变革等；"制造服务与智能运维"子知识领域主要理解智能维护与健康运营管理典型工程应用中的系统架构与关键技术等。

表5.14　智能服务与制造新模式知识领域包含的2个子知识领域及其描述

编码	中英文名称	描述
IME.ISM.MM	制造业新模式 New Model of Manufacturing Industry	制造生产模式与组织模式变革,规模定制化生产模式,共享制造组织模式,服务型制造产业模式
IME.ISM.MS	制造服务与智能运维 Manufacturing Services and Intelligent Maintenance	制造服务的概念、内涵、目标与特点,智能维护与健康状态管理的系统架构与关键技术,制造服务与智能运维在典型工程中应用、项目管理等

智能服务与制造新模式各子知识领域的知识单元见表5.15和表5.16。

表5.15　制造业新模式子知识领域的知识单元及其描述

编码	中英文名称	描述
IME.ISM.MM.01	规模化定制生产 Large Scale Customized Production	面向用户的需求挖掘与市场创造,用户参与选配的规模化定制生产、个性化定制生产
IME.ISM.MM.02	协同创新与共享制造 Collaborative Innovation and Shared Manufacturing	生产制造的协同与共享,创新设计的协同与共享,制造服务的协同与共享
IME.ISM.MM.03	服务型制造 Service Oriented Manufacturing	"产品+服务"的产业模式,包括远程运维、工艺优化、回收再制造;"产品即服务"的业务模式,包括柔性支付服务、内容增值服务;提供"整体解决方案"的服务模式

表5.16　制造服务与智能运维子知识领域的知识单元及其描述

编码	中英文名称	描述
IME.ISM.MS.01	智能服务 Intelligent Service	在数字化、网络化、智能化技术推动下,市场营销服务、售后服务、产品效能增值服务的模式

续表

编码	中英文名称	描述
IME.ISM.MS.02	智能运维 Intelligent Maintenance	了解智能维护与健康运营管理系统架构,包括数据获取、特征提取、状态监测、健康评估、故障预测、维修决策、集成控制等模块
IME.ISM.MS.03	运营数字孪生 Operation Digital Twin	运营数字孪生把数字化模型和运营的数据结合起来进行综合分析,发现影响性能、故障和停机的原因,并支持预测性的维修维护。基于运营数字孪生,可以持续改进用户体验、产品研发、制造工艺和供应链管理

5.4.5 智能制造系统建模与控制

智能制造系统主要由智能产品、智能生产、智能服务三大功能系统以及工业互联网和智能制造云平台两大支撑系统集合而成,是实现制造系统创新升级的重要路径。借助新一代人工智能技术,智能制造系统进入数字化、网络化、全面智能化新阶段,未来的发展将更加突出"系统、集成、建模、优化、智能"等特征,并以"技术、应用、产业"协调发展的模式全面推进。制造系统的目标是通过系统集成实现制造全系统、全生命周期活动中的人、机、物、环境、信息能够进行自主智慧感知、互联、协同、学习、分析、认知、决策、控制与执行。其中,建模与仿真技术是研究智能制造系统的关键技术,涉及各类制造企业研发设计、生产制造、经营管理等环节,以及系统中的人、机、物、环境、信息等对象,是在纵向集成、端到端集成、横向集成的基础上,通过机理分析、功能集成、信息互联、多学科融合、大数据分析、人工智能等技术进行建模、仿真,采用数字孪生等手段进行现场数据实时映射和闭环迭代,支持系统的优化决策和智能控制,以辅助企业改善资源配置、实现管理和服务效率的提升。另外,需要指出的是智能集成制造系统的体系架构、技术体系等都将随着技术的发展而不断演进。

智能制造系统建模与控制知识领域

1. 基本要求

(1)理解智能制造系统的构成,熟悉制造系统内部三大功能系统、两大支撑系统之间集成的含义及相互关系,了解制造系统与外部系统,如与现代服务业的深度融合,与智能城市、智能农业、智能医疗等系统的集成关系及未来发展。

(2)了解系统工程的定义与研究对象,熟悉复杂系统的结构,了解复杂系统的开发流程、系统工程管理,熟悉概念开发、工程开发、后开发阶段的概念与主要作用。

(3)了解系统工程存在的问题与发展方向,熟悉基于模型的系统工程流程,了解面向对象的系统架构方法，掌握常用系统建模语言，并能运用建模和仿真技术进行简单的系统分析和开发。

（4）了解智能集成制造系统的内涵、变革与发展，具备基本的系统构建、诊断、分析能力。

（5）掌握智能制造纵向集成、横向集成、端到端集成的内涵、对象、特点、层级分类及其在系统内部集成中的作用。

（6）熟悉智能集成制造系统的架构、技术体系及实现路径，具备系统科学地开展智能集成制造系统规划和设计的能力，具备分析、评估系统现状并制定优化方案和实施步骤的能力。

（7）熟悉智能集成制造系统建模、控制和优化的作用、目标，了解智能集成制造系统的优化是一个闭环且不断迭代的过程，了解该领域未来的发展方向。

（8）熟悉全生命周期数字孪生的周期过程、功能架构与生态系统，了解全生命周期数字孪生赋能技术，掌握简单的全生命周期数据采集与管理、数字主线功能与原理；从全生命周期的角度理解数字孪生在产品、生产、运营过程中的作用，熟悉产品与设备的运维管理过程、技术与应用。

（9）了解产品/设备运行维护的基本概念与范围，掌握简单的状态监控、健康状态诊断与预测、故障诊断方法，了解运维系统构成与功能，了解数字孪生在运营过程中的作用。

2. 子知识领域的具体描述

系统集成是智能集成制造系统的最基本特征，包括系统内部智能产品、智能生产和智能服务三大功能系统的集成，以及工业互联网、制造云平台等支撑系统的集成。目的是将企业异构的信息系统及各类科学技术连接成信息互通、跨界融合的大系统，以实现前所未有的技术融合和系统集成式创新。通过对贯穿于产品全生命周期的不同阶段及制造的全流程全系统进行建模与仿真，不仅能够解决产品加工质量、设备运维、业务流程、制造能力平衡等局部问题，还能够支撑复杂制造系统全局优化能力的提升。将智能制造系统建模与控制知识领域划分为表5.17所示的3个子知识领域。其中，"智能制造系统"子知识领域主要介绍面向智能制造的人–信息–物理系统；"系统集成与体系架构"子知识领域主要介绍智能制造系统的各层次集成以及其具体实现的体系架构；"智能制造系统数字孪生"主要介绍系统级的数字孪生内容与实现。

表5.17　智能制造系统建模与控制知识领域包含的3个子知识领域及其描述

编码	中英文名称	描述
IME.MC.IMS	智能制造系统 Intelligent Manufacturing System	面向智能制造的人–信息–物理系统。根本目标是实现价值创造和价值优化，从技术演变的角度体现为数字化制造、数字化网络化制造和新一代智能制造三个发展阶段

编码	中英文名称	描述
IME.MC.SF	系统集成与体系架构 System Integration and System Framework	基于工业互联网和智能制造云平台,集成智能产品、智能生产、智能服务等功能系统,实现从信息集成–过程集成–企业集成到基于智能制造要素链及价值链之间的纵向、端到端、横向的三类集成,并在此基础上进一步推动企业内部、企业与相关合作企业之间、企业与顾客之间,以及价值网络中社会各方之间的合作、协同和共享
IME.MC.DTIM	智能制造系统数字孪生 Digital Twin for Intelligent Manufacturing	全生命周期数字孪生的周期过程、功能架构与生态系统,赋能技术,数据采集与管理,数字主线功能与原理,数字孪生在产品、生产、运营过程中的作用,智能集成制造系统优化

智能制造系统建模与控制各子知识领域的知识单元见表5.18、表5.19和表5.20。

表5.18 智能制造系统子知识领域的知识单元及其描述

编码	中英文名称	描述
IME.MC.IMS.01	基于模型的系统工程 Model-based System Engineering	系统工程的定义与研究对象,复杂系统的结构,复杂系统的开发流程,系统工程管理,概念开发、工程开发、后开发阶段的概念与主要作用。系统工程存在的问题与发展方向,基于模型的系统工程流程,面向对象的系统架构方法,系统建模语言(SysML)
IME.MC.IMS.02	智能集成制造系统 Intelligent Integrated Manufacturing System	数字化、网络化、智能化技术与产品设计、生产、服务等产品全生命周期制造活动全面集成优化的大系统,强调"大系统、大集成、建模与仿真、全局优化"

表5.19 系统集成与体系架构子知识领域的知识单元及其描述

编码	中英文名称	描述
IME.MC.SF.01	纵向集成 Vertical Integration	实现企业内部不同层级各系统之间的集成,打造贯穿企业内部从原材料到产品销售的产品制造全生命周期的业务流程集成,目的是建立一个高度集成化的系统,为将来智能工厂中数字化、网络化、智能化、个性化制造提供支撑
IME.MC.SF.02	横向集成 Horizontal Integration	企业各种外部资源、要素之间的集成,以产品制造价值网络为主线,构建产品制造面向企业、用户企业和社会等的社会网络,形成企业外部的横向集成体系,基于工业互联网和智能制造云平台,实现制造资源、能力、产品的动态集成、优化配置和智能协同

编码	中英文名称	描述
IME.MC.SF.03	端到端集成 End to End Integration	围绕特定产品的主干企业和相关协同合作企业之间的动态系统集成,是完成特定产品制造全生命周期所有任务的所有终端和用户端的集成
IME.MC.SF.04	智能集成制造系统 IIMS2.0的架构及技术体系 Framework and Technology System of IIMS2.0	新一代数字化网络化智能化技术引领下的"人、信息空间与物理空间"相融合的智能互联与协同服务系统,主要包括新智能资源、能力、产品层,新智能感知、接入、通信层,新云端服务平台层,新云端服务应用层,新人/组织层和新智能边缘处理平台层。对应的技术体系包含系统总体技术,智能产品、设备设计技术,智能感知、接入、通信层技术,智能边缘处理平台、云端服务平台技术,智能运营管理技术,智能仿真实验技术等

表5.20 智能制造系统数字孪生子知识领域的知识单元及其描述

编码	中英文名称	描述
IME.MC.DTIM.01	智能集成制造系统建模与仿真 Modeling and Simulation of Intelligent Integrated Manufacturing System	综合运用制造专业技术、基于人工智能建模、数字孪生等理论、方法和仿真技术,对企业乃至跨企业的制造所涉及的单元、数据、资源等生产要素和整体过程进行抽象描述,构建全面、多方位的模型并仿真,对系统层次进行分析、设计、优化和控制
IME.MC.DTIM.02	面向全生命周期的系统数字孪生 Digital Twin of SysLM	全生命周期数字孪生的周期过程、功能架构与生态系统,赋能技术,简单的全生命周期数据采集与管理,数字主线功能与原理;数字孪生在产品生产、运营过程中的作用
IME.MC.DTIM.03	智能集成制造系统优化 Optimization of Intelligent Integrated Manufacturing System	以构建全系统智能模型为基础,实施决策优化,寻求最佳决策方案。优化过程包括模型建立、仿真和风险评估、优化策略下发和执行,执行过程中数据的收集分析,用于对模型进行优化迭代

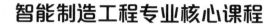

_ 第 6 章 _

智能制造工程专业核心课程

6.1 概述

智能制造工程知识体系给出了与之相关的专业知识框架，这些知识领域和知识单元需要通过课程教学具体落实，其中专业核心课程的凝练，是智能制造工程课程体系建设中最关键的任务之一。本章立足新工科培养理念，结合专业知识领域的要求，着力构建智能制造工程专业核心课程，突出专业核心课程设计与实施原则，以此指导课程开发和组织教学，在此基础上，设计了相关知识领域的专业核心课程方向和内容。

6.2 专业核心课程建设的指导原则

开展智能制造工程教育，应秉承一体化设计培养目标、培养标准、培养方案和培养模式的理念，围绕教学目标，构建人文社会科学类通识课程元、数学与自然科学类课程元、工程基础类课程元、专业核心类课程元、实训实践类课程元、创新与研修类课程元等，保证课程元内部和课程元之间整体衔接、相互配合。积极鼓励学生主动学习和自主实践，全面提升学生的知识、能力和素质，全方位培养学生的工程设计、工程建造和创新创造能力，从而保证培养目标的完整实现。

智能制造工程教育对学生的培养分为 3 个阶段：① 通识培养阶段。全面提升人文与科学素养，注重工程认知、专业与科研兴趣培养以及工程素质教育等。② 专业培养阶段。学生完成大学基础教育（通识教育）之后，开始进入专业学习阶段，着重提升专业素养和能力，重点培养严谨的工程态度、工程分析和判断能力与智能制造系统的设计和建造能力，初步形成分析和解决工程问题的能力以及创新精神和实践能力。③ 综合培养阶段。学生可根据自己的兴趣或未来准备从事的专业方向，修习多种个性化课程，满足自身成长需要。同时，通过各类"双创"和实践项目训练，培养解决复杂工程问题、工程创新和创造能力。

在第②、③阶段，有三种培养路径可供选择：① 学生可以参与各类科研训练或选修本硕贯通式课程，为今后继续深造打下坚实基础，此即升学深造类路径；② 学生可自主设计第二专业培养方案，使自己发展成为更具竞争力的复合型人才，此即交叉复合类路径；③ 学生还可通过选修就业创业课程、参与"双创"项目，为今后走上职场或创业奠定基础，此即就业创业类路径。

智能制造工程教育课程通常可分为六大类，即人文与社会科学类、数学与自然科学类、工程基础类、专业核心类、实训实践类、创新与研修类等。

（1）人文与社会科学类课程包括思想政治理论、外语、文化素质教育和其他大学基础教育等课程以及通识选修课程；

（2）数学与自然科学类课程包括系列数学、物理和化学等课程；

（3）工程基础类课程包括工程图学、工程力学、热力学、流体力学、设计基础、制造基础、工程材料、电工电子学、计算机技术基础、测控技术等课程；

（4）专业核心类课程包括数字化、网络化、智能化等制造赋能技术，智能产品与装备，智能生产，智能服务与制造新模式，智能集成制造系统等课程；

（5）实训实践类课程包括项目设计类课程、实习实训与毕业设计（论文）等；

（6）创新与研修类课程包括创新创业课程与实践、课外实践环节等。

本章以下内容主要围绕第四部分专业核心类课程（后统称为专业核心课程）进行重点介绍。

6.3　专业核心课程建设参考

智能制造工程课程体系应根据各高校的具体培养目标而设定，《教程》提供三种模式的参考架构供选择（图6.1~图6.3），其中专业核心课程具体的课程设置，各高校可根据自身办学特点，形成体现特色的课程建设方案。

周济：智能制造推动制造业全面创新升级

实训实践类课程、创新与研修类课程	项目设计类课程、实习实训与毕业设计（论文）等 创新创业课程与实践、课外实践等			
专业核心类课程	**智能产品与装备** 智能设计原理与方法 几何与物理建模 数字孪生技术 智能设计支持技术	**智能生产** 数字化生产 数字化制造装备 数字化网络化智能化工厂 智能生产关键技术	**智能服务与制造新模式** 赋能技术驱动下的智能服务 规模定制化生产 共享制造新组织模式 服务型制造的新业态	**智能集成制造系统** 智能制造系统 系统集成与体系架构 建模仿真与优化 智能制造系统数字孪生
	数字化/网络化/智能化 智能传感　网络通信与安全　人工智能 大数据（数据科学）　云计算			
工程基础类课程	力学基础课程、设计基础课程、制造基础课程、材料基础课程、 测控基础课程、计算机基础课程、电工电子学基础等			
数学与自然科学类课程	系列数学、物理和化学等课程			
人文与社会科学类通识课程	思想政治理论、外语、文化素质教育、 其他大学基础教育等课程以及通识选修课程			

图 6.1　智能制造工程课程体系架构（参考方案一）

实训实践类课程、创新与研修类课程	项目设计类课程、实习实训与毕业设计（论文）等 创新创业课程与实践、课外实践等

	智能设计原理与方法	智能生产与运维	智能制造系统建模与控制
专业核心类课程	现代设计方法 几何建模 物理建模 产品数字孪生	数字化生产 数字化制造装备 精益生产与质量管理 制造服务与智能运维	智能制造系统 系统集成与体系架构 建模仿真与优化 智能制造系统数字孪生

数字化/网络化/智能化

智能传感	网络通信与安全	人工智能
大数据(数据科学)与云计算		云计算

工程基础类课程	力学基础课程、设计基础课程、制造基础课程、材料基础课程、 测控基础课程、计算机基础课程、电工电子学基础等

数学与自然科学类课程	系列数学、物理和化学等课程

人文与社会科学类通识课程	思想政治理论、外语、文化素质教育、 其他大学基础教育等课程以及通识选修课程

图6.2 智能制造工程课程体系架构（参考方案二）

实训实践类课程、创新与研修类课程	项目设计类课程、实习实训与毕业设计（论文）等 创新创业课程与实践、课外实践等

	智能制造工程基础	智能设计原理与方法	智能制造技术与工艺	智能制造系统建模与控制
专业核心类课程	现代通信网络与安全 智能传感 大数据(数据科学)与云计算 虚拟现实技术应用基础	传动与控制技术应用 现代设计方法 CAD与CAE技术基础 物联网与产品数字孪生	生产数字孪生 精益生产与质量管理 数字化制造装备设计 智能制造产线与系统	智能制造集成系统概论 复杂系统建模仿真与优化 智能集成制造系统建模与仿真

工程基础类课程	力学基础课程 测控基础课程	设计基础课程 计算机基础课程	制造基础课程 电子电工学基础	材料基础课程 人工智能技术应用基础

数学与自然科学类课程	系列数学、物理和化学等课程

人文与社会科学类通识课程	思想政治理论、外语、文化素质教育、 其他大学基础教育等课程以及通识选修课程

图6.3 智能制造工程课程体系架构（参考方案三）

6.4 推荐课程描述

6.4.1 智能制造工程基础相关课程

6.4.1.1 概述

智能制造工程技术人员，无论是从事设计、工艺、生产、服务等哪一个方面的工作，都应该在精通本领域技术的基础之上，理解数字化、网络化、智能化技术，进行技术融合工作和系统集成式创新，将自己从事的本职工作上升到智能制造的高度。或者应用智能制造技术改进工作方法和提高工作效率，或者结合自己的工作进行技术融合型创新，进而把基于本职工作的融合技术内化为知识和能力。

智能制造工程基础知识领域涉及的范围广泛，包括工程力学、热力学与流体力学、工程材料与应用、工程设计和制造技术基础、电子电路、计算机技术基础、测控技术基础、人工智能、工业互联网和云计算、工业大数据等，智能制造工程基础课程应涵盖这些方面的基础理论与基本知识以及这些工程基础对应的相关工程基础能力的培养。

相关高校可以围绕自身办学定位和培养目标，结合所在区域特点和服务对象，建设体现自己特点的必修课程、选修课程和实践环节，合理分配理论教学和实践环节的学时，以拓宽学生视野，强化理论与实践的融合，培养学生的创新精神、实践能力以及综合素质。本节提出的"智能制造工程原理""数字化技术""网络化技术"和"智能化技术"等4个子知识领域类专业核心课程的建议，可作为高校开展课程建设的参考和选择。

6.4.1.2 专业核心课程推荐

1. 智能制造工程原理类课程

（1）教学目标

1）掌握常用工程材料的特点及表面工程原理，具备综合运用工艺知识分析零件结构工艺性及选用工程材料的初步设计能力。

2）掌握金属材料的成分、组织、相变与性能之间的关系，具备金属材料分析和运用能力；充分发挥现有材料的潜力，合理制定热处理工艺，为发展新材料和新工艺奠定良好的理论基础和基本技能。

3）掌握机械制造技术的基础知识、材料切削（成形）过程的基本规律、加工工具和工装基础知识、机床工作和设计原理、机械制造工艺理论等专业基础知识和技能。

4）掌握增材制造技术的基本原理、基本知识，增材制造的材料类型、工艺方法、装备、应用需求等相关知识，使学生具备一定的创新能力，具有对该领域设计、制造等的关键问题与参数识别的能力，能够采用增材制造技术解决工程实际过程中所遇到的问题。

5）掌握自动化制造系统的定义、组成及特点，掌握自动化制造系统设备的配置原则及布局设计方法，掌握智能制造系统可适应工艺规划技术，能够提出面向产品族定制生产的快速工艺规划方法，对智能制造系统过程仿真及优化方法有一定的了解，了解自动化控制系统的控制方法及特点，了解解决复杂制造技术问题的思路和方法。

6）掌握制造过程工况监视与故障诊断的基本原理、基本方法和应用，重点掌握包括计算机辅助工况监视与故障诊断系统的原理与实现、平稳过程、时间序列分析、状态识别方法原理、制造过程质量状态识别与质量控制等内容。

7）通过安排机械制造技术相关专题研究项目，培养学生良好的职业素质和较强的计划组织与团队协作、分析解决加工工艺问题的能力，围绕课堂教学内容，通过阅读参考书籍和资料，培养和提高对所学知识进行整理、概括、消化吸收以及自我扩充知识领域的能力。

8）掌握常用实验仪器的使用方法，具备基本的实验操作能力。

9）通过安排作业和综合实践项目，培养清晰表达解决问题的思路和步骤的能力。

（2）建议课程

本类课程应包括智能制造工程原理（Principle of Intelligent Manufacturing，IME.BIM.PIM）子知识领域的各知识单元：材料科学基础（Materials Science，IME.BIM.PIM.01），机械制造技术基础（Mechanical Manufacturing Technology，IME.BIM.PIM.02）等。

本类课程建议开设工程材料基础方向课程、制造技术基础方向课程等。

2. 数字化技术类课程

（1）教学目标

1）掌握计算机的硬件结构与组成原理，较为深入地了解操作系统的功能与其中一些重要概念，进一步加深对计算机的认知和理解能力。

2）识记和领会数据库的基本概念、关系数据库模型和关系代数、关系数据库标准语言（SQL）、关系数据库设计理论等知识单元的内容；熟悉至少一种数据库管理系统的使用。

3）掌握自动控制的基本思想和概念以及自动控制系统的基本组成和分类，建立系统化思维方式；掌握动力学系统描述的基本方法，运用恰当的方法建立其数学模型（包括微分方程、传递函数、频率特性以及状态空间等数学模型）。

4）掌握稳定性、瞬态性能和稳态性能等控制系统性能指标的理论和物理含义，掌握状态空间与传递函数的关系、线性定常系统的线性变换、线性定常系统状态方

智能制造工程原理类课程建议教学组织方法

程的解；掌握系统的能控性和能观性的分析方法。

5）初步掌握数字控制系统的基本分析与设计方法；掌握简单非线性系统的基本概念，能用描述函数法和相平面法进行简单的系统分析和设计；初步掌握非线性控制系统的基本分析方法；初步掌握MATLAB的控制工程工具箱及其他控制系统仿真工具的运用。

6）了解和掌握工控机在控制系统设计中的应用及选型方法，掌握工业控制微机系统的设计理论、方法及步骤。

7）能够建立电路模型并进行电路模型的等效变换；理解线性直流电路、含运算放大器电阻电路、正弦交流稳态电路、非正弦周期电流电路、线性动态电路的电气特点，选择合适的数学理论和工具开展建模和分析计算，总结针对上述典型电路的基本分析方法。

8）能够理解并描述半导体器件的电气特性；理解电子电路的基本分析方法，结合课程项目，培养综合运用相关知识进行数字系统设计和验证的能力。

9）掌握传感器与检测技术的常用概念及其发展趋势，掌握常见传感器的基本原理及其所测量的物理量；掌握智能传感器技术，了解智能传感器技术及其应用场景、基本的通信方式以及信号处理方法，分析在多种物理量检测场景中的传感器选型问题，设计传感系统。

（2）建议课程

数字化技术
类课程建议
教学组织方
法

本类课程应包括数字化技术（Digital Technology，IME.BIM.DT）子知识领域的各知识单元：电工电子学（Electrical and Electronics，IME.BIM.DT.01），计算机技术（Computer Technology，IME.BIM.DT.02），传感技术（Sensor Technology，IME.BIM.DT.03），数字控制技术（Digital Control Technology，IME.BIM.DT.04）等。

本类课程建议开设数据库基础技术方向课程、现代控制技术基础方向课程、工业微机技术基础方向课程、智能传感器与测试技术方向课程。

3. 网络化技术类课程

（1）教学目标

1）从系统观点理解不同类型网络面临的问题和挑战，包括直联网络、交换网络、互联网络、移动通信网络等。

2）掌握计算机网络体系结构的基本概念，掌握计算机网络数据包交换的基本原理，能够将数学和专业知识用于解决复杂工程问题；掌握计算机网络的分层架构与原理，掌握计算机网络数据链路层、网络层、传输层的主要概念、功能与实现机制等。

3）理解和掌握关键的网络算法与协议，包括可靠传输、媒体接入控制、交换与转发、IP路由、TCP拥塞控制等；掌握网络协议的设计理念、实现技术与性能评价方法。能够应用数学和工程科学的基本原理，分析复杂工程问题，以获得有效结论。能够设计针对负责工程问题的解决方案，设计满足需求的网络协议。

4）掌握 TCP/IP 网络应用程序设计的基本原理和方法，能够根据应用需求，独立设计和实现 Interent 网络应用协议；了解计算机网络技术的新发展和趋势，能够根据系统设计需求进行团队合作，撰写设计方案，能够清晰地表达自己的设计思想，与他人进行沟通和交流。

6）建立完整的通信系统的概念，理解通信的基本原理及通信系统的一般组成，了解现代通信技术，具有检测通信设备性能指标的初步能力。

7）理解数字终端技术（脉冲编码调制、时分多路复用），能画出数字通信设备的组成框图并能叙述各组成部分的作用，理解数字信号传输的基本原理。

8）了解数字复接技术，了解现代数字通信系统（光纤通信系统、移动通信系统、卫星通信系统）的组成，了解常见通信网络的组成方案、工作特点及相关的网络协议。

9）掌握计算机与网络安全定义、网络安全基本要求，掌握常用加密算法和数字签名算法基本原理和流程，了解电子签名和数字证书的最新应用，掌握密钥分配过程和数字证书的作用，掌握防火墙原理和安全通信协议，了解病毒的工作原理和网络攻击常见方法。

（2）建议课程

本类课程应包括网络化技术（Network Technology，IME.BIM.NT）子知识领域的各知识单元：通信与网络技术（Communication and Network Technology，IME.BIM.NT.01），网络安全（Cyber Security，IME.BIM.NT.02）等。

网络化技术类课程建议教学组织方法

本类课程建议开设现代通信网络与安全技术基础方向课程。

4. 智能化技术类课程

（1）教学目标

1）了解当前云计算技术的基本概念、发展趋势和前沿问题，掌握几种重要而成熟的分布式系统模型和云架构，认识分布式系统和云架构在计算机应用中的作用，掌握云用户、客户–服务器端架构和对等模型两种分布式系统模型，掌握云计算架构及标准化的相关概念，掌握云计算主要支撑技术。

2）能够设计并实现大数据科学平台下的数据挖掘系统，了解由工程问题到建模、再到数据挖掘算法设计的问题求解思维模式，具有将数据挖掘算法应用于具体工程的能力，掌握大数据预处理、关联规则、分类以及聚类技术，并能够在主流大数据平台上实现。

3）了解人工智能原理，能用系统的观点从全局上把握人工智能的基本问题，并能针对问题的特殊性选择合适的人工智能建模和处理方法；能够了解当前人工智能的发展状态与发展趋势。

4）掌握浅层 BP 神经网络的基本原理和参数优化方法，掌握卷积神经网络的基本结构、迁移学习的基本原理、基于卷积神经网络的迁移学习，并能够运用这些知识解决机械、航空、能源动力工程中的实际问题。

　　5）能运用开源机器学习平台编程解决工程实际问题，掌握数据清洗、数据增强、数据标注、浅层/深层神经网络编程实现方法。针对机械、航空、能源动力等领域的复杂工程问题，能够设计满足特定需求的人工智能解决方案，并能够在设计环节中体现创新意识。

　　6）能基于本专业领域的知识获取满足人工智能算法所需的专业化数据，对经人工智能算法处理后的数据从专业角度给出定性和定量的评价，并据此从若干不同算法中筛选出最优算法。

　　7）能够认识人工智能及其在产品设计制造领域应用中存在的缺陷与不足，并提出解决这些缺陷与不足的方法。

　　8）掌握常见机器学习算法，包括算法的主要思想和基本步骤，并通过编程练习和典型应用实例加深了解，掌握机器学习平台与工具的基本原理架构及其应用，掌握人工智能训练系统的原理和应用，掌握人工智能推断系统的原理和应用，熟悉使用开源系统进行人工智能训练与推断任务的部署和调试。

　　9）理解虚拟现实与增强现实的定义、基本概念与研究范围，理解人类感知机理对虚拟现实与增强现实的技术启发，理解虚实交互问题，并掌握常见解决方案，理解视觉虚实一致性的基本概念与方法。

　　（2）建议课程

　　本类课程应包括智能化技术（Intelligent Technology，IME.BIM.IT）子知识领域的各知识单元：人工智能技术（Artifacts Intelligence Technology，IME.BIM.IT.01），云计算（Cloud Computing，IME.BIM.IT.02），大数据（Big Data，IME.BIM.IT.03）等。

　　本类课程建议开设大数据与云计算基础方向课程、人工智能技术应用基础方向课程、虚拟现实技术应用基础方向课程。

智能化技术类课程建议教学组织方法

6.4.2　智能设计原理与方法相关课程

6.4.2.1　概述

　　产品设计的目标是为了创造性能好、成本低的产品的技术系统，面向未来的智能产品的设计更是充满了挑战性的创造性活动。基于认知规律和设计能力培养的渐进性，并结合工程设计特点，将智能设计原理与方法知识领域划分为"设计基础"和"数字化、网络化、智能化设计"2个子知识领域，建议设置覆盖机构运动与动力设计原理与方法、精度设计原理与方法、各类传动系统的基本原理，以及利用各种数字化设计工具进行产品形体表达、模型建立以及仿真优化等内容的课程。本节提出的"设计基础"和"数字化、网络化、智能化设计"等2个子知识领域类专业核心课程的建议，可作为高校开展课程建设的参考和选择。

6.4.2.2　专业核心课程推荐

1. 设计基础类课程

（1）教学目标

1）了解机械的组成、分类及机械的发展历史，理解并掌握机器、机构、构件和零件的概念，了解机械设计的一般过程和常用方法。

2）掌握机构的组成要素，能对二级机构进行运动分析和力分析；了解和掌握连杆、凸轮、齿轮、蜗轮蜗杆、轮系、间歇运动、组合机构等常用机构的工作原理、特点和应用及设计。

3）掌握各种类型的电机原理、常用控制电器的原理及类型、各种类型的电力电子驱动元件及其电路的工作原理、各种电机的机械特性方程，具备电机、控制电器、电力电子驱动元件等的选择和运用能力。

4）熟悉建立机械系统运动方程式的方法，掌握机器动力学的基本实验方法，熟悉和了解一般机械原理实验中机械量的测试方法及常规仪器设备的使用方法。

5）掌握典型液压元件结构和工作原理，掌握液压基本回路的组成和典型液压回路的工作原理，具备典型液压元件的原理分析、结构分析和性能分析能力，具备基本液压元件的设计能力、典型液压系统方案的设计能力。

6）了解机械系统总体方案设计的一般过程，了解方案的评价与决策，掌握常用机械零部件工作能力的设计计算方法，掌握常用机械传动系统的方案设计、机械零部件的设计计算、机械系统的结构设计及创新方法。

7）熟悉互换性原理的基本概念和相关国家标准与规范，深入认识尺寸公差、几何公差以及表面粗糙度对机械零件功能的影响以及与加工方法和制造成本的关系。

8）了解机械振动理论的发展现状和趋势，掌握最基本的线性振动分析理论和方法，以及基本机械振动的隔振原理，能独立分析和解决实际工作中遇到的机械振动问题，利用模态分析设备进行悬臂梁模态分析。

9）熟悉常用商业软件中的有限元分析、优化设计、可靠性设计、动态设计等功能模块，具备运用软件进行机械工程设计与分析、设计结果优化和综合评价的能力，以及合理选择设计方法解决工程设计问题的能力。

10）了解人机工程学的基本思想、主要技术方法，培养创新意识和社会责任意识；掌握人机工程学人体测量、显示器与控制器设计、人机界面和人机安全的主要理论和方法，能应用于解决机械工程领域相关问题。

11）掌握流体力学的基本知识（基本概念、原理和研究方法）和有关的计算方法；掌握求解传热问题的各种方法，并能正确应用相似原理，在实验基础上得到实验关联式。

（2）建议课程

本类课程应包括设计基础（Basics of Design，IME.ID.BD）子知识领域的各知识单元：结构强度设计原理与方法（Principle and Method of Structural Strength Design, IME.ID.BD.01），机构运动与动力设计原理（Mechanism Kinematics and Dynamic Design Principles, IME.ID.BD.02），现代设计理论与方法（Modern Design Theory and Method, IME.ID.BD.03），传动与控制技术（Transmission and Control Technology, IME.ID.BD.04）等。

设计基础类
课程建议教
学组织方法

本类课程建议开设机械设计基础方向课程、现代设计理论与方法基础方向课程、传动与控制技术应用方向课程。

2. 数字化、网络化、智能化设计类课程

（1）教学目标

1）熟悉机械制图有关标准和规范，具备阅读和手工及软件绘制工程图样（机械图）的能力，具备空间思维、造型设计和形体表达能力，具备用计算机绘图软件进行三维设计和绘制二维工程图样的能力，具有机械零部件形体结构的创新构思和创新设计的能力。

2）全面、系统地了解和掌握计算机辅助工程（Computer Aided Engineering, CAE）的基本目标、思路、知识点和基本技能，初步掌握CAE分析方法及其在机械结构分析、多体系统运动学和动力学分析、结构与过程优化设计、强度与寿命估算等领域的应用知识，具备根据工程分析需求选择适当CAE软件的能力，掌握应用CAE软件进行工程分析的基本流程、方法和功能，能独立应用常用CAE工具软件（如ANSYS）对一般复杂程度机械产品进行分析计算。

3）理解虚拟现实与增强现实的定义、基本概念与研究范围，了解其发展历史及应用技术，理解人类感知机理对虚拟现实与增强现实的技术启发，掌握虚拟现实及增强现实的系统架构，掌握虚拟世界的几何表示与建模，掌握相机、显示设备标定方法，理解虚实交互问题，并掌握常见解决方案，理解视觉虚实一致性的基本概念与方法。

4）理解信息物理系统的理论体系和应用领域，了解物联网和数字孪生等前沿技术发展趋势，掌握信息物理系统建模方法和软件工具，物联网通信协议及软硬件开发应用技术，数字孪生的设计工具及其在产品全生命周期的应用，对信息物理系统的工业大数据分析、评价、优化与智能决策的能力。

5）掌握数字孪生建模理论与方法及其在制造周期各环节中的应用，熟悉常用行业软件中的数字孪生单元建模分析、孪生数据的感知与交互、生产过程孪生数据的管理与控制、数字孪生服务等功能模块，具备运用此类模块进行生产过程透明化管理，提取生产过程数据，并对其进行分析、预测与智能维护等的能力。

6）训练学生团队协作、项目管理、合作交流能力，培养学生工程文档撰写、语言表达、技术交流与展示能力，分析评价课程项目对环境和社会可持续发展的影响。

（2）建议课程

本类课程应包括数字化、网络化、智能化设计（Digitized, Networked,

Intelligent Design，IME.ID.DNI）子知识领域的各知识单元：几何建模（Geometric Modeling，IME.ID.DNI.01），物理建模（Physical Modeling，IME.ID.DNI.02），产品数字孪生（Product Digital Twin，IME.ID.DNI.03）等。

本类课程建议开设CAD与CAE技术基础方向课程、物联网与产品数字孪生技术基础方向课程。

数字化、网络化、智能化设计类课程建议教学组织方法

6.4.3　智能制造技术与工艺相关课程

6.4.3.1　概述

智能制造技术与工艺是智能制造系统的基础与核心之一，传统的制造技术与现代传感技术、计算机技术、工业互联网、大数据与人工智能技术的深度融合是智能制造的多学科交叉的显著特征。本领域涉及的范围广泛，包括制造加工方法与工艺、制造装备本身设计制造、制造过程"人机料法环"等所有对象、制造过程与生产过程的组织管理等。运用智能制造的赋能技术和方法，实现智能装备、智能产线、智能生产系统的建模、设计、仿真和制造，助力企业实现精益生产，是智能制造的主要任务。

依据智能制造技术工艺知识领域划分的"数字化生产""数字化制造装备""精益生产与质量管理"等3个子知识领域依次安排数字化加工、数字化工艺设计与仿真、虚拟装配与调试方向的课程，数控机床、工业机器人、增材制造设备或其他专用设备的理论与实践能力方向的课程，以及现代精益生产、质量管理方向的课程。本节提出"数字化生产""数字化制造装备""精益生产与质量管理"三个子知识领域的课程建议。

6.4.3.2　专业核心课程推荐

1. 数字化生产类课程

（1）教学目标

数字化生产技术已经成为各国经济发展和满足人民日益增长需要的主要技术支撑，成为高新技术发展的关键技术，通过本类课程的学习，学生应全面了解制造技术的现状与发展趋势，掌握先进制造技术方法和先进制造工艺，更新制造技术理念，采用数字化的方式对工艺进行设计，并实现其面向数字孪生的工艺仿真与验证、生产调度与过程控制。本类课程涉及计算机技术、自动控制技术、人工智能技术、生物工程技术和现代检测技术等多学科内容。课程主要教学目标如下：

1）掌握目前制造业中先进的制造技术和制造工艺，了解国内外先进制造技术的发展趋势，了解先进制造技术的应用情况和场合，了解先进制造技术对推动制造技术发展的重要性。

2）熟悉 CAD/CAM 的基本概念，熟悉 CAD/CAM 系统的软、硬件环境，掌握 CAD/CAM 系统的选择原则；了解产品建模理论和关键技术，掌握计算机图形处理技术及 CAD/CAM 系统基本理论和技术，掌握产品开发中工程分析的基本原理和关键技术，掌握计算机辅助数控编程基本原理和技术；熟悉典型 CAD/CAM 系统的使用方法，熟悉典型 CAE 系统的使用方法和应用，熟悉典型 CAM 系统的使用方法和应用。

3）能够设计具备一定工程意义的零件，创建具备一定工程意义的曲面特征，在一定工程条件下对零件进行 CAE 分析，对零件进行合理的加工工艺编制和数控编程；掌握 CAD/CAM 集成与产品数据管理技术；了解典型 PDM 系统的使用方法、应用及发展趋势。

4）了解数字化工艺设计的基本概念、现状及发展趋势，掌握成组技术（Group Technology，GT）、CAPP 原理、零件信息的描述与输入、数据库系统、CAPP 系统的开发和维护，培养学生分析问题与解决问题的能力。

5）了解工业物联网和数字孪生等前沿技术在生产制造环节国内外动态和发展趋势以及我国相关产业的现状和需求，掌握信息物理系统建模方法和软件工具，培养学生对在生产制造过程与环节中信息物理系统的工业大数据分析、评价、优化与智能决策的能力，训练学生对智能制造工程相关领域物理信息系统的层次化分析设计思维能力。

（2）建议课程

本类课程应包括数字化工艺设计（Digital Process Design，IME.TP.DP.01）、生产数字孪生（Production Digital Twin，IME.TP.DP.02）等知识单元，主要涵盖成组技术、数控工艺及设计标准化、CAPP 技术、工艺设计软件、数字化工艺仿真验证方法与数字化工艺仿真软件等，面向数字孪生的工艺仿真、生产调度与过程控制等的定义与实现方法等内容。

本类课程建议开设数字化工艺设计方向课程、生产数字孪生方向课程。

数字化生产类课程建议教学组织方法

2. 数字化制造装备类课程

（1）教学目标

本类课程主要内容包括自动化制造装备与系统的总体设计，专用量具、刀具与夹具设计方法，工业机器人技术的基础知识与理论，自动化制造单元与产线技术，自动化产线物料供输系统，自动化生产的检测与控制技术。通过本类课程的学习，使学生具备运用数字化的制造装备对产品进行生产、实现生产准备与生产过程数字化的能力。

1）学习并掌握自动化制造装备与系统的基本理论与方法，具有分析和解决自动化制造工程问题的创新意识和能力，掌握自动化制造装备与系统的设计方法与评价机制，初步具备装备设计能力，并且能够对设计方案进行评估。

2）学习并掌握自动化制造装备与系统的总休设计、模块化单元设计、自动物料供输设计等内容，具备系统的解决工程问题的能力。

3）掌握专用量具、刀具与夹具设计方法；理解物流设备及其自动化装置的工作原理，具备物流仿真应用能力；掌握过程自动化的监测方法，具备工件、刀具、自动化加工工程的识别与监测方案设计能力。

4）掌握工业机器人技术的基础知识（包括机器人的一般概论，机器人运动学、静力/动力学分析，机器人机械系统设计，机器人的控制及应用等内容），有关的结构设计计算方法和技能，具备应用所学基础知识和技能对实际工程问题进行分析、设计和计算的能力。对机器人机械系统的总体设计方法有初步了解，并相应地掌握一些实用工业机器人的控制、规划及编程的方法。

5）学习并掌握自动化制造装备与系统的检测与控制技术，具有利用机电一体化的方法解决现场的信息检测与自动控制的能力。通过自动化制造装备与系统的综合实验获得相关实验设计和实验操作技能，具备应用相关实验方法解决工程实际问题的能力。

（2）建议课程

本类课程应包括制造装备及设计方法（Manufacturing Equipment and Design Methods，IME.TP.DME.01），智能装备——机床（Intelligent Equipment：Machine Tool，IME.TP.DME.02），智能装备——机床典型部件（Intelligent Equipment：Typical Parts of Machine Tools，IME.TP.DME.03），工业机器人（Industrial Robot，IME.TP.DME.04），工装夹具设计（Fixture Design，IME.TP.DME.05），增材制造设备（Additive Manufacturing Equipment，IME.TP.DME.06），智能产线设计（Intelligent Production Line Design，IME.TP.DME.07）等知识单元。

数字化制造装备类课程建议教学组织方法

本类课程建议开设数字化制造装备的设计方向课程、数字化制造系统的机电一体化技术方向课程、物流系统及其自动化装置方向课程、工业机器人与控制系统方向课程、智能制造产线与系统方向课程。

3. 精益生产与质量管理类课程

（1）教学目标

通过此类课程的学习了解精益生产的核心观念、采用价值流分析法缩短生产时间，了解整体运行效率和快速设置技巧，掌握连续流生产方法，熟悉质量改善工具，掌握质量管理的基础知识和质量控制的各种方法，在未来的工作中能够胜任质量控制和质量管理工作。

1）使学生了解和掌握精益生产的基本思想和基本理论，了解精益生产管理理论的发展史，精益管理的新思想、新理论、新技术和新方法。培养学生运用精益生产的基本思想和基本理论解决企业经营管理，特别是生产现场中存在的问题，使学生在一定程度上具备改善生产现场的能力。

2）通过本课程的学习使学生掌握现代质量管理的基本理论和方法，主要包括质量管理概述、质量管理体系标准与质量认证、质量管理常用工具、工序质量控制

（过程能力分析、控制图原理及应用）、质量成本、抽样检验、六西格玛（Six Sigma，6σ）管理等内容。另外，还需掌握Minitab软件的操作及使用。在学习质量管理相关基础知识的过程中，使学生的思维和分析方法得到一定的训练，能运用所学方法与技能分析研究解决实际的质量问题。

3）培养复合型人才所必须具备的现代质量观，为未来的学习、工作和生活奠定良好的基础。

（2）建议课程

本类课程包括以下知识单元：精益生产管理（Lean Production Management，IME.TP.LQ.01），质量检测与分析（Quality Inspection and Analysis，IME.TP.LQ.02），质量管理与保证（Quality Management and Assurance，IME.TP.LQ.03）等。

本类课程建议开设精益生产管理方向课程、数字化质量管理与保证方向课程。

精益生产与质量管理类课程建议教学组织方法

6.4.4　智能服务与制造新模式相关课程

6.4.4.1　概述

制造服务是制造业产品全生命周期的重要组成部分。实时、多源、异构、海量等特征的数据成为优化产品系统质量、成本、交付时间和服务的决策依据，制造企业能够以产品为媒介，在产品全生命周期内与客户进行互动，提供更好的服务。智能服务在制造业产品全生命周期中起着越来越重要的作用，正在推动制造业产业模式与产业形态正在发生革命性变革，也是智能制造创新发展的主要方向之一。从"以产品为中心"到"以用户为中心"的根本性转变体现在生产模式、组织模式和产业形态的根本性变革，推动企业从生产型制造向生产服务型制造，进而向服务型制造转变，实现更深层次的供给侧结构性改革。智能服务与制造新模式知识领域包括"制造业新模式""制造服务与智能运维"两个子知识领域，又包括"规模化定制生产""协同创新与共享制造""服务型制造""智能服务""智能运维""运营数字孪生"等知识单元，并将这些知识单元作为该知识领域的课程建设内容。

6.4.4.2　专业核心课程推荐

1. 制造业新模式类课程

（1）教学目标

本类课程包括制造生产模式与组织模式变革、规模化定制生产、共享制造组织模式、服务型制造产业模式等内容。通过学习，使学生能系统了解制造生产模式、组织模式和产业模式的变革、发展阶段和发展方向，先进制造业与现代服务业深度融合的方式，理解以智能服务为核心的制造业新生产模式的三个层次、以智能服务为核心的制造业协同与共享的组织模式、以智能服务为核心的制造业供给"整体解决方案"的产业模式，具备从技术进步、生产模式、组织模式、产业模式的视角理解智能制造技术变革的系统思维能力。

（2）建议课程

本类课程包括以下知识单元：规模化定制生产（Large Scale Customized Production，IME.ISM.MM.01）、协同创新与共享制造（Collaborative Innovation and Shared Manufacturing，IME.ISM.MM.02）、服务型制造（Service Oriented Manufacturing，IME.ISM.MM.03）等。

本类课程建议开设规模化定制生产方向课程、协同创新设计方向课程、共享制造方向课程、服务型制造方向课程。

制造业新模式类课程建议教学组织方法

2. 制造服务与智能运维类课程

（1）教学目标

本类课程的主要任务是通过课堂教学、课外讨论、工程问题驱动的实验教学等环节，使学生了解制造服务的概念、内涵、目标与特点，同时培养学生面向高端产品和装备全寿命周期运行的智能维护与健康管理的实践能力，使学生基本掌握高端产品和装备运行安全保障的理论与技术，理解智能维护与健康运营管理典型工程应用中的系统架构及其关键技术，具备智能运维与健康管理相关的系统思维能力、项目管理能力等。

（2）建议课程

本类课程包括以下知识单元：智能服务（Intelligent Service，IME.ISM.MS.01）、智能运维（Intelligent Maintenance，IME.ISM.MS.02）、运营数字孪生（Operation Digital Twin，IME.ISM.MS.03）等。

制造服务与智能运维类课程建议教学组织方法

本类课程建议开设制造服务方向课程、智能运维与健康管理方向课程。

6.4.5 智能制造系统建模与控制相关课程

6.4.5.1 概述

智能制造系统把智能融入由人和资源形成的系统中，使制造活动能够动态地适应需求和制造环境的变化，从而满足系统的优化目标。本知识领域重点在传统制造系统的基础上突出智能制造系统的概念、范畴、内涵、特点，智能制造系统建模、设计、优化、仿真方法与技术，智能制造系统集成与技术体系架构，智能制造系统数字孪生等。根据子知识领域的基本要求，将智能制造系统建模与控制知识领域归纳为"智能制造系统""系统集成与体系架构""智能制造系统数字孪生"3个子知识领域，并将其作为该知识领域的课程建设内容。

6.4.5.2　专业核心课程推荐

1. 智能制造系统类课程

（1）教学目标

本类课程要求学生能够理解智能制造系统的构成，熟悉制造系统内部三大功能系统、两大支撑系统之间集成的含义及相互关系，了解制造系统与外部系统，如与现代服务业的深度融合，与智能城市、智能农业、智能医疗等系统的集成关系及未来发展。了解和掌握基于模型的系统工程在制造业中的典型应用、智能集成制造系统、计算机视觉优化智能调度与控制决策、物流传输与存储系统的控制、智能集成制造系统加工设备的网络集成化控制、信息处理与传送、加工和维护方法等。

（2）建议课程

本类课程应包括基于模型的系统工程（Model-based System Engineering，IME. MC.IMS.01），智能集成制造系统（Intelligent Integrated Manufacturing System，IME. MC.IMS.02）等知识单元。

本类课程建议开设智能集成制造系统方向课程、基于 SysML 的系统建模方向课程。

智能制造系统类课程建议教学组织方法

2. 系统集成与体系架构类课程

（1）教学目标

本类课程的教学目标为使学生了解基于工业互联网和智能制造云的系统集成基本思想与技术方法，融合制造技术、自动化技术、计算机技术和现代管理技术，实现从信息集成—过程集成—企业集成到基于智能制造要素链及价值链之间的纵向、端到端、横向的三类集成，并在此基础上进一步推动企业内部、企业与相关合作企业之间、企业与顾客之间，以及价值网络中社会各方之间的合作、协同和共享。了解制造系统集成的基本概念与发展，了解并掌握系统集成的模式与基础技术方法，了解制造信息化与智能化系统的组成与功能。面向纵向集成、横向集成、端到端集成等不同应用场景，以典型大制造系统设计、管理、调度与控制的工程实际应用为背景，培养学生应用技术解决工程问题的实践能力、创新能力和团队合作与交流能力。

（2）建议课程

本类课程应包括纵向集成（Vertical Integration，IME.MC.SF.01），横向集成（Horizontal Integration，IME.MC.SF.02），端到端集成（End to End Integration，IME.MC.SF.03），智能集成制造系统 IIMS2.0 的架构及技术体系（Framework and Technology System of IIMS2.0，IME.MC.SF.04）等知识单元。

本类课程建议开设工业互联网平台架构方向课程、工业大数据处理与分析方向课程、网络系统集成技术方向课程。

系统集成与体系架构类课程建议教学组织方法

3. 智能制造系统数字孪生类课程

（1）教学目标

本类课程包括产品全生命周期管理的基础理论、体系和方法，全生命周期数字孪生的定义及其元数据，基于全生命周期的数字孪生技术与管理等。通过学习，学生能系统了解产品在生命周期各阶段的数字孪生体通过数字主线构成的集合，为产品生命周期物理实体的工作状态和工作进展在信息空间的全要素重建及数字化映射，实现全生命周期的监控、预测、诊断与优化。

智能制造系统数字孪生类课程建议教学组织方法

（2）建议课程

本课程包括以下知识单元：智能集成制造系统建模与仿真（Modeling and Simulation of Intelligent Integrated Manufacturing System，IME.MC.DTIM.01），面向全生命周期的系统数字孪生（Digital Twin of SysLM，IME.MC.DTIM.02），智能集成制造系统优化（Optimization of Intelligent Integrated Manufacturing System，IME.MC.DTIM.03）等。

本类课程建议开设产品全生命周期管理方向课程、基于全生命周期的数字孪生技术方向课程。

改革及集成课程举例

第 7 章

智能制造工程实践教学体系

实践是工程的本质，实践是创新的基础。工程实践促进多学科交叉融合，实践教育教学体系是智能制造工程教育的重要组成部分，是培养学生创新能力的基础性平台，其最大的特点在于其应用性和综合性。应用性表现在应用学生所学知识理论于具体的实践活动中，以使得这些知识理论能够得到更好的理解、深化和掌握，并在实践教学过程中培养和提高学生的实践能力；综合性一方面表现在单门学科内部知识理论的综合运用，另一方面表现在不同学科跨学科知识理论的综合应用。综合性是实践教育教学活动中能够培养和提高学生综合能力的原因所在。

7.1 概述

随着科技的发展，智能制造把制造自动化扩展到柔性化、智能化和高度集成化。智能制造内涵丰富，基于不同的学科视角，对智能制造的体现形式、技术载体和特征要素等不同的解读和关注重点不同。从机械工程学科的角度来看，人工智能是赋能技术，智能制造工程学科教学内容的载体已不仅仅是简单的车、铣、刨、磨等为代表的基本机械，而是集机械、电子、光学、信息科学、材料科学和管理科学等为一体的新兴工业形态，实践能力也不能仅仅是简单的动手操作能力，而是集分析、设计、开发、操作为一体的综合能力。专业领域的拓展变化和用人单位对学生素质越来越高的要求，带来了智能制造工程专业培养方案的变化，已由知识为主、强调动手能力转变为知识、能力、素养并重。工程实践能力是智能制造工程专业教学计划中与理论知识同等重要的教学内容，理论与实践相结合是智能制造工程教育的重要特点。

工程训练是高校面向各专业本科生开设的具有真实工程背景的实践课程。在智能制造工程实践性教学环节中，服务于国家创新驱动发展和制造强国战略，高等教育实践教学应把握大势、抢占先机，以塑造大学生的工程观、质量观、系统观为统领，推动工程实践教育高质量发展，引导大学生树立工程意识、掌握工艺知识、磨炼工程能力、厚植工匠精神。

按照循序渐进的原则，实践内容应该由浅入深、实践覆盖面应该由窄到宽，实践教育教学活动分为三个层次，即基础实践、专业实践和综合实践。

基础实践主要由智能制造学科专业基础课程群的课程实验和工程化基础训练等基础实践教学环节组成，旨在培养学生的实际动手能力、基本操作能力、工程意识和工程素质，为学生工程实践能力的培养打下良好的基础。这个层次的实践教学内容需要注意与通识基础课程群教学内容的充分融合，为后续实践教育打下良好的基础。

专业实践主要由专业核心课程的实验和设计、企业生产实习、工程实践训练、毕业设计等专业实践教育环节构成，旨在培养学生解决专题问题和复杂问题的工程实践能力、设计能力和创新意识。

综合实践主要由专业拓展课程群的课程设计、综合性实验、研究性实验、设计性实验、工程项目研究、毕业设计等综合性的实践教育教学环节构成，旨在全面系统地培养学生的综合素质、解决复杂工程问题的能力、工程创新创业能力、动态适应能力和以团队合作为主的社会能力。

因此，从实践形式上看，智能制造工程类专业实践教学主要包括工程训练、课程实验、认识实习、生产实习、课程设计、毕业实习、毕业设计（论文）及科技创新实践等一系列教学活动。这些相互联系又有机统一的实践环节构成了智能制造工程专业的实践教学体系。专业实践大致可分为规定内容和拓展内容两大类。规定内容以要求学生掌握基本知识和基本技能要求为主，是专业实践性教学环节的规范性要求；拓展内容则以学生兴趣爱好和才能发挥的自主实践为主，反映了实践性教学的改革与发展趋势。

大多数智能制造工程专业（方向）可能是从传统工科升级改造而来，实践教学资源需要升级改造，建设完整充分的实践教学条件：① 功能完备，能够满足基础训练、综合实验、专业训练、专业实践和毕业设计等各种不同环节和类型实践实训的要求；② 装备先进，能够满足专业培养目标和培养标准对学生工程素养和多种能力的要求。所以，在对传统工科专业的实践教学条件升级改造之前，学院要进行充分调研，提出明确的定位，制定具体规划和详细设计。

7.2　实践性教学环节的规范性要求

7.2.1　工程训练

工程训练是培养学生工程实践能力、系统工程意识的实践性基础课程，通过系统的工程实践训练，使学生获得对机械、电子、信息、管理等专业技术在工程中的融合和应用的感性认识和体验，提高工程意识，质量、安全、环保意识和动手能力，为相关理论课和专业课学习奠定必要的实践基础，对培养学生工程实践能力发挥着独特作用。工程训练包括机械制造过程认知实习、基本制造技术训练、先进制造技术训练、机电综合技术训练、智能制造技术训练、仿真建模训练、工业软件开发训练等。

特别需要注意的是，工程训练要体现智能制造的相关要求，新建或在原有实践教育资源的基础上，通过与其他学科专业的实践教学资源进行整合，建成数字化、智能化和综合实训模块，具体包括数字化车间、智能化产线和综合性实训模块等几部分。前两者分别是针对相应的传统产业信息化和智能化的需要，后者既可以满足信息化和智能化的混合需要，也可以满足传统产业一体化的需要。

人才培养的优势和特色最终主要体现在学生所具有的能力和素质上，数字化、智能化和综合性实训模块的建设需要有效体现智能制造学科人才培养的优势和特色。硬件方面，需看重实验室仪器设备的效用，软件方面，需要在实训内容、实训设计、实训方式上下工夫。

工程训练是学生进行专业初步认知和实践的重要环节。通过工程训练，学生应具有以下能力：

（1）初步认识现代智能制造体系和制造过程；

（2）初步掌握机械制造、电子工艺基本知识和操作技能；

（3）训练基本的生产工艺技术和方法；

（4）培养独立完成简单零件加工制造的实践能力；

（5）培养对简单零件进行加工方法选择和工艺路线分析的初步能力；

（6）初步掌握机电自动化系统和电气、电子装置的常用元器件的基本特性、识别方法与检测方法；

（7）初步掌握常用电子测量和测试仪器设备的工作原理与使用方法；

（8）基本掌握机电产品智能设计、智能制造、智能装配、调试与智能检测方法；

（9）初步掌握智能设计、数据采集、数据分析、智能决策、智能测量和智能控制等工具软件的使用，具备基本软件编程技能；

（10）培养市场、信息、质量、成本、效益、安全、环保等工程素质；

（11）锻炼创新意识、协作意识以及组织管理能力。

工程训练涵盖的知识单元主要有智能制造过程认知实习、工程训练概论、基本制造技术训练、先进制造技术训练、智能制造技术训练、机器人技术训练、电子工艺基础训练、机电综合技术训练等。

对于有条件的高校，工程实训可选择典型机电产品为例，以产品的设计、制造、检测为主线，一改传统工程训练中只对某个产品局部工艺进行实践（"点实践"）的状况，以典型机电产品全生命周期为主线（"线实践"），设置面向智能制造的智能设计、加工、检测、装配等实践训练项目，应用工程实际案例开展工程训练，知晓产品全生命周期的信息感知、优化决策、执行控制的相互联系及作用，使学生熟悉工业规模场景下的生产（"面实践"）。

7.2.2 实验课程

智能制造系列课程实验分为必修实验和拓展性选修实验。必修实验是智能制造学科教学实验的基本要求，用以配合课程教学，达到对学生必备能力培养的目的。

必修实验由教师按照实验指导书的要求指导学生完成，每次实验的时间严格按照教学计划执行。实验类型包括认知型实验、验证型实验、综合型实验和设计型实验等，培养学生实验设计、实施和测试分析的能力。

1. 教学实验类型

（1）认知型实验：提高学生对智能生产系统、智能审查设备的认知程度，培养学生的观察力、辨别力，增强学生的工程意识。

（2）验证型实验：通过实验验证课堂理论教学中涉及的理论问题，培养学生对测量、测试仪器及机械制造设备的操作能力，加深对理论的理解。

（3）综合型实验：涉及本课程的综合知识或相关课程知识的实验内容，提高学生综合所学知识解决实际问题的能力和从事科学研究的能力，使学生受到比较系统的训练。既要在宏观上做到跨学科、跨领域、跨课程的融合，又要在微观上做到来自不同方面的概念、理论、方法、根据、信息和数据的融合，还要做到课程理论与实践实验和工程实际的融合。

（4）设计型实验：让学生根据实验目的、实验要求和实验条件自行设计实验方案并进行实验，或者根据机械系统的功能要求设计传动方案或结构方案并进行组装等，培养学生的自主设计能力、独立开展工作能力和创新思维能力。

2. 实验内容

按照智能制造工程教育知识体系的 5 个知识领域，教学实验训练体系中包含的主要内容为第 5 章中各子知识领域知识单元的相关实验内容。

7.2.3　课程设计

专业核心课程应设置课程设计环节，培养学生的设计能力和解决问题的能力。

在专业教学中，除与课程相配合的基本实验外，还应适时为智能制造基础、机械设计理论与方法、机械制造技术基础等一些重要课程或系列课程安排课程设计，培养学生对所学知识和技能的综合运用能力，使学生得到接近实际的演练，提高学生综合所学知识分析和解决实际问题的能力。虽然是以相关课程教学内容为背景，但是课程设计应该在通识教育和基础实践教学的基础上，既充分考虑当前相关学科间的交叉与融合，以及与其他核心课程教学内容的交叉，又要考虑与相关产业发展趋势相关联的其他学科的交叉，从未来发展的角度提出课程设计的内容。

课程设计一般由相应课程的教学组负责，可以根据教学内容安排具体实践的时间或学时数；设计选题可以是单科性的，亦可是综合性的，也可安排大作业；设计任务可安排一人一题，亦可分组合作；采用集体辅导与个别辅导相结合的方式指导学生相对独立地完成设计任务；课程设计成绩的评定主要依据学生的工作量、设计水平和答辩表现，对有创新成果的课程设计给予嘉奖。

在课程设计中，鼓励学生以解决具体问题为设计目标，开展智能机器人、机器视觉、数据分析等综合项目设计，并为其提供开放式测量和控制实验平台与基于工业互联网的计算平台和数据平台。

7.2.4　生产实习

实习是学校教学过程的一个重要环节，它对专业人才的能力培养和基本技能训练，理论知识的深化理解及运用具有十分重要的意义，对于学生获得生产技术和管理知识，接受职业环境熏陶，培养良好的职业素质及独立工作能力等起着十分重要的作用。

生产实习主要包括观察和学习各种智能制造方法，学习各种智能制造设备和物流系统的工作原理、功能、特点和适用范围，了解典型智能制造系统的组成、生产理念和组织管理方式等，以及智能制造系统的运行、维护，以培养学生工程实践能力、发现和解决问题的能力。

生产实习一般安排在专业基础课和专业课学习期间分阶段进行。主要实习内容如下：

（1）结合现场和所学基本知识，观察智能制造产线和生产流程、各种加工方法和加工设备，了解其组成、原理、功能和特点，清楚各种智能制造装备、物流装备（生产线、机器人等）、各种工业软件的适用范围。

（2）以典型产品的设计和加工为主线，了解典型产品的生命周期、数字化设计和制造工艺路线，掌握典型零件的工艺知识并进行归纳总结，举一反三，将其用于其他零件的加工工艺，善于分析现场工艺的合理性和不足等。应鼓励学生提出建设性的意见或建议。

（3）深入现场技术管理部门，在可能的情况下，担当助理技术员，在企业技术人员的指导下了解产品设计、制造过程的相关知识，了解先进的生产理念，参与和了解先进的组织管理方式，了解本行业特色和企业产品的制造过程，拓宽知识面，增加企业经历和专业阅历。应鼓励学生采用数据分析、建模仿真等手段对现场数据进行处理，并以此为依据提出建设性的意见或建议。

校外实习基地应选定多个相关企业，以其中某个企业为主，解决专业基础课和专业课教学内容与生产实际的结合问题；其他基地应选与本学科特色相近的有代表性的企业或科研院所。

主要实习企业应具有相当的生产规模，具有较高的数字化、网络化和智能化水平，工艺技术装备和工业软件比较先进，能代表制造业的现状，能够涵盖本专业教学内容，同时又注重与相关专业的紧密结合。其他企业的选择应首先考虑知识面的补充，其次考虑行业特色。所选企业要能建立长期稳定的关系，确保教学计划得以稳定实施。

生产实习以集中组队为主，实行严格的组织管理，也可采用其他切实有效的组织管理模式。

7.2.5　毕业设计（论文）

毕业设计（论文）是一门主要的综合性课程，是学生四年学习期间最重要的一次全面、系统、综合的训练，是培养学生综合运用大学期间所学知识分析和解决实际问题的能力，提高专业素质和培养创新能力的重要环节，也是专业学习的深化与升华过程，在实现培养标准和培养目标上有着不可替代的作用。

毕业设计（论文）选题应符合本专业的培养目标和教学要求，可以是现实问题，也可以是前沿问题或未来问题。现实问题涉及行业产业当前发展中的问题，源于产业领先企业以及教师的纵、横向研究项目；前沿问题是新技术、新产业、新业态和新模式发展过程中的热点或方向性问题；未来问题涉及新一代技术的研究和开发以及未来产业的研究和设计。但建议本学科的毕业设计以工程设计为主，源于实际工程问题的占一定比例，一人一题；应由具有丰富经验的教师或企业工程技术人员指导和考核评价，支持学生到企业进行毕业设计（论文）。

毕业设计（论文）的选题应符合以下原则：

（1）选题应体现本专业的培养目标，达到毕业设计（论文）的教学基本要求。

（2）选题应特别注意有培养和提高学生综合应用所学理论、方法和技术手段解决工程实际问题的能力，并能保证各专业所应当具有的基本技能的训练。

（3）选题应注重提升和强化学生的工程意识、职业素养、社会责任、创新能力、团队精神及多学科团队协作能力。

（4）选题应与生产、科研等实际任务相结合。毕业设计（论文）的选题应在实际任务、具有理论探索意义、具有实际应用前景、具有创新构思的课题中选取。鼓励不同学科（专业）相互交叉，相互渗透。

（5）题目类型可多种多样，因材施教，有利于各类学生提高水平和能力，鼓励学生有所创新。课题难度和分量要适当，使学生在规定的时间内工作量饱满，经努力能完成任务。

按工作任务的不同，学生的毕业设计（论文）主要分为以下几种类型：

1. 工程设计类

包括智能装备设计、智能产线设计、智能车间设计等。工程设计类的毕业设计（论文）一般包括任务的提出、方案论证或文献综述、设计与计算、技术经济分析、结束语等内容。

2. 实验研究类

要求学生独立完成一个完整的实验，取得足够的实验数据。实验要有探索性，而不是简单重复已有的工作。实验研究类的毕业论文应包括文献综述、实验装置、实验分析研究与结论等内容。

3. 软件开发类

要求学生独立完成一个智能制造领域应用软件或较大软件中一个模块的开发，要有足够的工作量，要有测试报告，同时写出论文和必要的软件使用说明书。软件开发类毕业设计（论文）主要包括综述、系统总体设计、系统详细设计、系统实现、系统测试、性能分析、结论等内容。

在毕业设计（论文）环节的教学过程中，要特别注意以下几个方面：

（1）毕业设计（论文）指导应由具有丰富教学和实践经验的教师或企业工程技术人员担任。

（2）毕业设计（论文）一般安排在学校完成，学生要结合课题需要到企业进行毕业实习或调研，应积极鼓励和组织学生到企业进行毕业设计（论文）工作。

（3）毕业设计（论文）工作主要安排在第八学期进行。有条件的学校可实行毕业设计（论文）一年期的安排，鼓励学生提前进实验室参与科学研究活动，更好地培养学生的实际工作能力。

（4）毕业设计（论文）要实行过程管理和目标管理相结合的管理方式，强调过程中的认真指导和阶段检查，保证工作进度和质量。

（5）毕业设计（论文）在指导教师审阅后，交由评阅教师认真评阅并做出客观评价。

（6）毕业设计（论文）的成绩应根据选题、难易程度、工作量、创造性成果、工作态度和答辩情况等因素确定。

（7）学生必须按照学校制定的撰写规范撰写毕业设计（论文）。毕业设计（论文）装订要整齐，信息资料应齐全并按要求归档。

7.3　实践性教学环节的拓展

随着高等教育改革的深入，实践性教学环节在学生培养过程中越来越受到重视。各高校在实践教学模式、内容、方法等方面开展了研究和改革，并取得长足进展。主要表现在科技创新活动活跃，学生创业意识和能力训练受到关注，项目式及研究型学习和以学生为主体的主动实践备受重视，积极建设产学研结合的各类实践基地等。

实践是创新的源泉，创业的基础。随着"中国制造2025"、创新驱动发展战略等出台，创新创业教育教学更加成为培养高素质人才、服务经济社会发展的重要手段。创新创业能力培养在智能制造学科人才培养中具有非常重要的地位，我国政府部门也出台各种计划、措施等推动创新创业教育教学发展。

就创新创业而言，要重视以学科交叉问题、综合复杂问题和未来前沿问题等为导向，把问题意识、危机意识、创新意识、创新精神、创新思维、创新创业技能和素质的培养贯穿人才培养的全过程，通过营造创新创业教育氛围，全方位推动创新创业教育深层次融入整个专业教育。

1. 科技创新活动

多种形式的科技创新活动在各高校蓬勃开展。科技创新活动主要是指学生在政府、学校、企业以及教师、业界专家等的支持和指导下，以提高创新精神、实践能力与素质为目标开展的学术研究、发明创造、科技制作、科技开发和科技服务等形式的系列化活动。通过组织学生参与科学研究、开发或设计工作，参与各种学科竞赛等，培养学生的创新思维、实践能力、表达能力和团队精神。

科技创新活动可有不同的形式和层次：一是以强化学生创新意识，激发学生创造热情为目的的非竞技性活动；二是以培养学生理论联系实际的工程实践能力、结合科学研究锻炼学生创新思维能力为目的的科研活动；三是通过各级各类竞技设计及比赛的方式，带动广大学生广泛参与科技活动。

最规范的创新创业训练项目是指国家"本科教学工程"中大学生创新创业训练计划中的创新训练项目、创业训练项目和创业实践项目等，以此为参照，可以设计出符合本校实际的智能制造专业人才培养需要的校级创新创业训练项目。根据智能制造人才培养的需要，鼓励和引领学生组织跨专业合作，针对制造系统中的具体工程问题，综合运用智能感知测量、结构优化设计、机电光一体化、物联网、人工智能等技术手段开展创新实践活动，培养学生的大工程观、大质量观和综合数字化实践能力。

实践表明，科技创新活动可在很大程度上提高大学生的创造性设计能力、综合设计能力和工程实践能力，培养大学生的科学精神、团队协作与攻关能力、表达能力，推进大学生素质教育和促进高校机械学科的实践教学改革，适应新的经济社会和科技工业发展的需要。

为了充分发挥创新创业项目在学生创新创业能力培养上的作用，需要做好以下几个方面的工作：首先，在项目要求上，应该将这类项目作为选修课纳入专业培养方案；其次，在项目内容上，应该要求关注智能制造相关领域的创新问题，强调新颖性、创新性和探索性；再次，在经费支持上，应该有专项的支持和配套经费；最后，在项目团队上，要鼓励学生自主形成创新团队，开展团队合作，完成创新任务。

2. 创业能力培养

我国高校逐渐开始重视对大学生创业意识与能力的培养，这既是经济社会发展的需求，也是多样化人才培养的新要求。从国内外经验和形势来看，其有望在撬动未来创业型社会，促进经济、科技、文化等快速发展过程中，发挥重要作用。目前，我国高校的创业实践教育教学处在探索初期，在观念、环境、师资、课程等多方面有待发展，虽然还存在一些认识上的分歧，但创业意识与能力培养的必要性和重要性毋庸置疑。双创教育的精髓在于培养学生前瞻、开拓、拼搏和开放的创新创业精神、意识和能力，核心是育人，它在识别与把握机会、创造价值、开创态度和主动深度实践以及对于人的塑造等方面，是其他教育教学环节难以替代的。通过创新创业等教育实践活动，培养面向智能制造的综合素质强、专业基础好、跨行业跨领域、懂工业和新兴技术的跨界人才。

_ 第 8 章 _

工程教育专业认证

8.1　概述

工程教育专业认证是国际上通行的工程教育质量保障制度，也是工程教育国际互认和工程师资格国际互认的重要基础。近年来，随着我国经济发展和国际地位的日益提升，推进工程教育与国际接轨是促进我国工程教育发展的必然趋势。2016年，我国成为《华盛顿协议》的正式成员，在此背景之下，按照国际工程师认证标准进行人才培养，着力加强国内工程教育发展，确保工程教育发展质量已经成为国内各大高校工程教育发展的重要工作。从工程教育专业认证的功能与价值来看，工程教育专业认证的目的不在于认证本身，开展工程教育的目标是构建中国工程教育的质量监控体系，建立与工程师制度相衔接的工程教育认证体系，促进中国工程教育的国际互认，从而提高我国的国际竞争力。

在工程教育认证工作中，除了相关专业的教师和教育管理工作者以外，大学生群体是工程教育改革的重要参与者，同时也是工程教育改革的受益者。了解成果导向教育理念以及在该理念指导下的教学设计、实施和评价，不仅可以帮助大学生更好地安排在校期间的课程学习，也可以帮助大学生更准确地把握职业定位，规划未来的职业发展。

8.2　国际工程教育互认协议简介

8.2.1　国际工程联盟

随着全球一体化进程的不断加快，国与国之间的联系日益紧密，工程专业人才在世界范围内的流动日益频繁，提高工程教育质量、建立职业工程师制度、加强国际工程教育互认和工程师互认已成为各国构建工程技术人才评价体系以及建立国际工程互认体系的基本趋势。为适应经济全球化发展的需要，20世纪80年代美国、英国、加拿大、澳大利亚等一些国家发起并开始构筑工程教育与工程师国际互认体系，负责该体系的组织为全球性非营利组织"国际工程联盟（International Engineering Alliance，IEA）"，其宗旨是多边认可工程教育资格及工程师职业资格，专注于国际工程教育认证、专业工程师认证及促进工程领域国际竞争力建立，促进工程师跨国就业。

截至2021年底，国际工程联盟由29个国家的41个成员组织构成。成员国及组织根据教育特征及发展需求，互相遵守涉及工程教育及继续教育的标准、机构认证、学历和工程师资格认证等诸多方面的7个协议（图8.1），包括《华盛顿协议》（Washington Accord）、《悉尼协议》（Sydney Accord）、《都柏林协议》（Dublin Accord）三个教育协议和《国际专业工程师协议》（Agreement for International Professional Engineers，IPEA）、《亚太工程师协议》（APEC Engineer Agreement）、《国际工程技术专家协议》（Agreement for International Engineering Technologists，IETA）、《国际工程技术员协议》（Agreement for International Engineering Technicians，AIET）四个工程师协议。

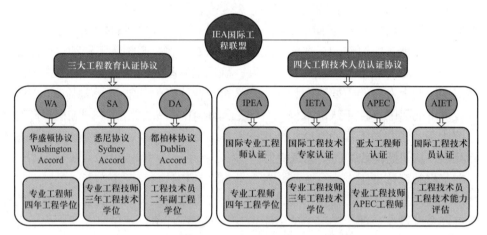

图8.1　国际工程联盟下的工程教育认证体系

8.2.2　国际工程教育互认协议

国际工程教育互认协议包括《华盛顿协议》《悉尼协议》和《都柏林协议》。《华盛顿协议》旨在针对"专业工程师"对应的本科工程学位（一般为四年）建立工程教育认证体系；《悉尼协议》针对"工程技术专家"对应的大学学历（一般为三年）建立工程教育认证体系；《都柏林协议》则针对"工程技术员"对应的学历（一般为两年）建立工程教育认证体系。

《华盛顿协议》主要针对"专业工程师"对应的本科工程学位（一般为四年）的资格互认，并确定由各签约成员认证的工程学历，建议毕业于任一签约成员认证课程的人员均应被其他签约成员视为已获得从事初级工程工作的学术资格。《华盛顿协议》规定任何签约成员必须为本国（地区）政府授权的、独立的、非政府的专业性社团。《华盛顿协议》在国际工程教育协议中签署时间最早，成员最多，已成为国际工程教育认证领域最具权威性的国际工程师互认协议，目前正式签署国（地区）有21个，如表8.1所示。

表8.1 《华盛顿协议》成员组织一览表

序号	国家/地区成员组织名称		加入年份
1	澳大利亚	澳大利亚工程师协会（EA）	1989
2	美国	工程技术认证委员会（ABET）	1989
3	爱尔兰	爱尔兰工程师协会（EI）	1989
4	新西兰	新西兰工程部（EngNZ）	1989
5	英国	英国工程委员会（ECUK）	1989
6	加拿大	加拿大工程师协会（EC）	1989
7	中国香港	香港工程师学会（HKIE）	1995
8	南非	南非工程委员会（ECSA）	1999
9	日本	日本高等工程教育认证委员会（JABEE）	2005
10	新加坡	新加坡工程师学会（IES）	2006
11	中国台湾	台湾工程教育学会（IEET）	2007
12	韩国	韩国工程教育认证委员会（ABEEK）	2009
13	马来西亚	马来西亚工程师委员会（BEM）	2009
14	土耳其	工程项目评估认证协会（MUDEK）	2011
15	俄罗斯	俄罗斯工程教育协会（AEER）	2012
16	印度	国家认证委员会（NBA）	2014
17	斯里兰卡	斯里兰卡工程师学会（IESL）	2014
18	中国	中国科学技术协会（CAST）	2016
19	巴基斯坦	巴基斯坦工程委员会（PEC）	2017
20	秘鲁	秘鲁计算机、工程和技术课程质量和认证研究所（ICACIT）	2018
21	哥斯达黎加	哥斯达黎加工程师和建筑师联合会（CFIA）	2020

《华盛顿协议》的核心内容是经过各成员组织认证的工程专业培养方案具有实施等效性。等效性是指任何成员在认证工程专业培养方案时所采用的标准、政策、过程以及结果都得到其他所有成员组织的认可。各缔约组织应当按照《华盛顿协议》的要求，制定符合本国（地区）特点的认证标准和程序，在通过审查之后，对本国（地区）的本科工程专业培养方案进行认证，并鼓励各培养机构以最好的方式为毕业生从业奠定学术基础。

《悉尼协议》针对的是"工程技术专家"对应的大学学历（一般为三年）以及人才的认定，由加拿大、澳大利亚、南非、英国、爱尔兰、中国香港于2001年

6月25日首次缔约，代表本国（地区）民间工程专业团体。随后，美国于2009年、韩国于2013年、中国台湾于2014年也加入了该协议。各签约成员均设置了专门的管理与认证机构，用以规划与执行符合国际标准的工程技术教育认证工作，如加拿大的技师与技术专家协会、英国的工程协会、中国香港的工程师学会、美国的工程技术教育认证管理委员会等。这些机构或下设机构根据《悉尼协议》的专业认证概念，组织各参与主体制定适合本国（地区）需要，并与国际接轨的工程技术教育专业认证标准、政策、程序手册等。每个协议签署成员制定的标准被其他成员所认可，与其自身所管辖范围内制定的认证标准实质等效。《悉尼协议》目前正式签署国（地区）有10个。

《都柏林协议》于2002年首次签订，它是针对层次较低的"工程技术员"对应的学历（一般为两年，相当于我国工科大专）进行认定。《都柏林协议》最初由加拿大、爱尔兰、南非、英国4个国家的工程专业团体于2002年5月13日发起、成立并签署。澳大利亚、韩国、新西兰、美国于2013年相继加入该协议。目前正式签署国（地区）有8个，旨在针对国际上工程技术人员对应的工程教育学历建立共同认可的工程教育认证体系，实现各国工程教育水准的实质等效。

8.2.3　国际工程教育互认协议毕业要求框架

《都柏林协议》《悉尼协议》和《华盛顿协议》对毕业生在解决问题范畴的深度和广度方面有较大差别。其中，《都柏林协议》主要针对解决狭义工程问题，《悉尼协议》主要针对解决广义工程问题，《华盛顿协议》主要针对解决复杂工程问题。所谓"复杂工程问题"，必须具备下述特征（1），同时具备下述特征（2）～特征（7）的部分或全部*：

（1）必须运用深入的工程原理，经过分析才可能得到解决；

（2）涉及多方面的技术、工程和其他因素，并可能相互有一定冲突；

（3）需要通过建立合适的抽象模型才能解决，在建模过程中需要体现出创造性；

（4）不是仅靠常用方法就可以完全解决；

（5）问题中涉及的因素可能没有完全包含在专业工程实践的标准和规范中；

（6）问题相关各方利益不完全一致；

（7）具有较高的综合性，包含多个相互关联的子问题。

《都柏林协议》《悉尼协议》和《华盛顿协议》毕业要求框架见表8.2。

---

　　*　特征（1）～特征（7）和表8.2参考了国际工程联盟（International Engineering Alliance）官网上的文章"Graduate Attributes and Professional Competencies"。

表8.2　三大工程教育互认协议毕业要求框架对比

毕业生素质特征	毕业要求框架		
	《都柏林协议》	《悉尼协议》	《华盛顿协议》
工程知识	能够将数学、科学、工程基础知识以及某个特定专业的工程知识应用于广泛的实践操作性流程和实践工作	能够将数学、科学、工程基础知识以及某个特定专业的工程知识应用于确定的、实用的工程流程、程序、系统和方法	能够将数学、自然科学、工程基础和专业知识用于解决复杂工程问题
问题分析	能够运用所属工作领域特有的显性分析方法，定义并分析狭义的工程问题，以获得有效结论	能够运用适用于所属学科或专业领域的分析工具，定义与分析广义的工程问题，以获得有效结论	能够应用数学、自然科学和工程科学的基本原理，识别、表达，并通过文献研究分析复杂工程问题，以获得有效结论
设计/开发解决方案	能够设计狭义技术问题的解决方案，设计满足特定需求的系统、单元（部件）或工艺流程，并能够在设计环节中体现创新意识，考虑社会、健康、安全、法律、文化以及环境等因素	能够设计广义工程技术问题的解决方案，设计满足特定需求的系统、单元（部件）或工艺流程，并能够在设计环节中体现创新意识，考虑社会、健康、安全、法律、文化以及环境等因素	能够设计针对复杂工程问题的解决方案，设计满足特定需求的系统、单元（部件）或工艺流程，并能够在设计环节中体现创新意识，考虑社会、健康、安全、法律、文化以及环境等因素
研究	能够对狭义问题展开研究；从相关规范准则和目录手册中检索数据，进行标准化测试和测量	能够对广义问题展开研究；从规范准则、数据库及文献中检索并选择出相关数据，设计并进行实验，以得出有效的结论	能够基于科学原理并采用科学方法对复杂工程问题进行研究，包括设计实验、分析与解释数据，并通过信息综合得到合理有效的结论
使用现代工具	能够针对狭义工程活动，应用适当的技术、资源、现代工程及信息技术工具，并能够了解其局限性	能够针对广义工程活动选择和应用适当的技术、资源、现代工程及信息技术工具，包括对广义工程活动的预测和建模，并能够理解其局限性	能够针对复杂工程问题，开发、选择与使用恰当的技术、资源、现代工程工具和信息技术工具，包括对复杂工程问题的预测与模拟，并能够理解其局限性
工程与社会	能够了解专业工程实践和狭义工程问题解决方案在社会、健康、安全、法律及文化诸方面涉及的因素与应承担的责任	能够理解专业工程实践和广义工程问题解决方案在社会、健康、安全、法律及文化诸方面涉及的因素与应承担的责任	能够基于工程相关背景知识进行合理分析，评价专业工程实践和复杂工程问题解决方案对社会、健康、安全、法律以及文化的影响，并理解应承担的责任

续表

毕业生素质特征	毕业要求框架		
	《都柏林协议》	《悉尼协议》	《华盛顿协议》
环境和可持续发展	能够在社会和环境大背景下,理解和评价解决狭义工程问题的工程技术工作的可持续性和影响	能够在社会和环境大背景下,理解和评价解决广义工程问题的工程技术工作的可持续性和影响	能够理解和评价针对复杂工程问题的工程实践对环境、社会可持续发展的影响
职业规范	能够恪守伦理准则,理解和遵守工程实践中的职业道德、责任及规范,履行责任	能够恪守伦理准则,理解和遵守工程实践中的职业道德、责任及规范,履行责任	具有人文社会科学素养、社会责任感,能够在工程实践中理解并遵守工程职业道德和规范,履行责任
个人和团队	能够在具有多样性的技术团队中作为个体、成员有效地发挥作用	能够在具有多样性的团队中作为个体、成员或负责人有效地发挥作用	能够在多学科背景下的团队中承担个体、团队成员以及负责人的角色
沟通	能够就狭义工程活动与同行以及社会公众进行有效的沟通,包括理解他人的工作内容,记录自己的工作情况,理解或发出清晰的指令	能够就广义工程活动与同行以及社会公众进行有效的沟通,包括理解和撰写报告,设计文档,做现场报告,理解或发出清晰的指令	能够就复杂工程问题与业界同行及社会公众进行有效沟通和交流,包括撰写报告和设计文稿、陈述发言、清晰表达或回应指令,并具备一定的国际视野,能够在跨文化背景下进行沟通和交流
项目管理	能够认识和理解工程管理原理,并将其应用于工作中,即作为技术团队成员和领导者,能够在多学科交叉的环境下进行项目管理	能够认识和理解工程管理原理,并将其应用于工作中,即作为团队成员和领导者,能够在多学科交叉的环境下进行项目管理	理解并掌握工程管理原理与经济决策方法,并能在多学科环境中应用
终身学习	能够认识在专门性技术知识方面进行自主学习和终身学习的必要性,并具备相应的能力	能够认识在专门性技术领域进行自主学习和终身学习的必要性,并具备相应的能力	具有自主学习和终身学习的意识,有不断学习和适应发展的能力

8.3　中国工程教育专业认证标准与程序

　　2012年, 我国申请成为国际本科工程学位互认协议《华盛顿协议》的准成员。2013年, 我国申请并正式成为《华盛顿协议》的预备成员。2016年1月由来自新加坡、美国、爱尔兰的三位专家组成的考查小组, 代表《华盛顿协议》秘书处考查了中国科学技术协会（CAST）（以下简称中国科协）/中国工程教育专业认证协会（CEEAA）对北京交通大学和燕山大学共计四个专业的入校认证过程。考查小组认为CAST/CEEAA的认证过程符合《华盛顿协议》要求，认证结论与其他各正式成员实质等效，建议同意中国科协由预备成员转为正式成员。2016年6月2日，在《华盛顿协议》闭门会议期间，所有正式成员对考查小组的报告进行讨论并就推荐结果进行投票，最终全票通过，我国自此成为《华盛顿协议》的正式成员。近年来，在中国工程教育专业认证协会的领导和指导下，各专业类认证委员会积极推进建立与工程师制度相衔接的工程教育认证体系，促进了我国工程教育界与企业界之间的联系，增强了高校本科人才培养质量。

8.3.1 中国工程教育专业认证标准

我国工程教育专业认证标准由"通用标准"和"专业类补充标准"两部分构成，内容覆盖了《华盛顿协议》提出的毕业生素质要求，具有国际实质等效性。

《工程教育专业认证标准（通用标准）》（2017年11月修订版）*规定了专业在"学生""培养目标""毕业要求""持续改进""课程体系""师资队伍"和"支持条件"七个方面的要求：

标准项1——学生，包括以下4个分项：

（1）具有吸引优秀生源的制度和措施。

（2）具有完善的学生学习指导、职业规划、就业指导、心理辅导等方面的措施并能够很好地执行落实。

（3）对学生在整个学习过程中的表现进行跟踪与评估，并通过形成性评价保证学生毕业时达到毕业要求。

（4）有明确的规定和相应认定过程，认可转专业、转学学生的原有学分。

标准项2——培养目标，包括以下2个分项：

（1）有公开的、符合学校定位的、适应社会经济发展需要的培养目标。

（2）定期评价培养目标的合理性并根据评价结果对培养目标进行修订，评价与修订过程有行业或企业专家参与。

标准项3——毕业要求，专业必须有明确、公开、可衡量的毕业要求，毕业要求应能支撑培养目标的达成。专业制定的毕业要求应完全覆盖以下内容：

（1）工程知识：能够将数学、自然科学、工程基础和专业知识用于解决复杂工程问题。

（2）问题分析：能够应用数学、自然科学和工程科学的基本原理，识别、表达、通过文献研究分析复杂工程问题，以获得有效结论。

（3）设计/开发解决方案：能够设计针对复杂工程问题的解决方案，设计满足特定需求的系统、单元（部件）或工艺流程，并能够在设计环节中体现创新意识，

---

* 标准原文可在"中国机械工程学会工程教育专业认证系统"网站上查阅。

考虑社会、健康、安全、法律、文化以及环境等因素。

（4）研究：能够基于科学原理并采用科学方法对复杂工程问题进行研究，包括设计实验、分析与解释数据、通过信息综合得到合理有效的结论。

（5）使用现代工具：能够针对复杂工程问题，开发、选择与使用恰当的技术、资源、现代工程工具和信息技术工具，包括对复杂工程问题的预测与模拟，并能够理解其局限性。

（6）工程与社会：能够基于工程相关背景知识进行合理分析，评价专业工程实践和复杂工程问题解决方案对社会、健康、安全、法律以及文化的影响，并理解应承担的责任。

（7）环境和可持续发展：能够理解和评价针对复杂工程问题的工程实践对环境、社会可持续发展的影响。

（8）职业规范：具有人文社会科学素养、社会责任感，能够在工程实践中理解并遵守工程职业道德和规范，履行责任。

（9）个人和团队：能够在多学科背景下的团队中承担个体、团队成员以及负责人的角色。

（10）沟通：能够就复杂工程问题与业界同行及社会公众进行有效沟通和交流，包括撰写报告和设计文稿、陈述发言、清晰表达或回应指令，并具备一定的国际视野，能够在跨文化背景下进行沟通和交流。

（11）项目管理：理解并掌握工程管理原理与经济决策方法，并能在多学科环境中应用。

（12）终身学习：具有自主学习和终身学习的意识，有不断学习和适应发展的能力。

标准项4——持续改进，包括以下3个分项：

（1）建立教学过程质量监控机制，各主要教学环节有明确的质量要求，定期开展课程体系设置和课程质量评价。建立毕业要求达成情况评价机制，定期开展毕业要求达成情况评价。

（2）建立毕业生跟踪反馈机制以及有高等教育系统以外有关各方参与的社会评价机制，对培养目标的达成情况进行定期分析。

（3）能证明评价的结果被用于专业的持续改进。

标准项5——课程体系，课程设置能支持毕业要求的达成，课程体系设计有企业或行业专家参与。课程体系必须包括以下4个分项：

（1）与本专业毕业要求相适应的数学与自然科学类课程（至少占总学分的15%）。

（2）符合本专业毕业要求的工程基础类课程、专业基础类课程与专业类课程（至少占总学分的30%）。工程基础类课程和专业基础类课程能体现数学和自然科学在本专业应用能力的培养，专业类课程能体现系统设计和实现能力的培养。

（3）工程实践与毕业设计（论文）（至少占总学分的20%）。设置完善的实践教学体系，并与企业合作，开展实习、实训，培养学生的实践能力和创新能力。毕业设计（论文）选题要结合本专业的工程实际问题，培养学生的工程意识、协作精神以及综合应用所学知识解决实际问题的能力。对毕业设计（论文）的指导和考核有企业或行业专家参与。

（4）人文社会科学类通识教育课程（至少占总学分的15%），使学生在从事工程设计时能够考虑经济、环境、法律、伦理等各种制约因素。

标准项6——师资队伍，包括以下5个分项：

（1）教师数量能满足教学需要，结构合理，并有企业或行业专家作为兼职教师。

（2）教师具有足够的教学能力、专业水平、工程经验、沟通能力、职业发展能力，并且能够开展工程实践问题研究，参与学术交流。教师的工程背景应能满足专业教学的需要。

（3）教师有足够时间和精力投入到本科教学和学生指导中，并积极参与教学研究与改革。

（4）教师为学生提供指导、咨询、服务，并对学生职业生涯规划、职业从业教育有足够的指导。

（5）教师明确他们在教学质量提升过程中的责任，不断改进工作。

标准项7——支持条件，包括以下6个分项：

（1）教室、实验室及设备在数量和功能上满足教学需要。有良好的管理、维护和更新机制，使得学生能够方便地使用。与企业合作共建实习和实训基地，在教学过程中为学生提供参与工程实践的平台。

（2）计算机、网络以及图书资料资源能够满足学生的学习以及教师的日常教学和科研所需。资源管理规范、共享程度高。

（3）教学经费有保证，总量能满足教学需要。

（4）学校能够有效地支持教师队伍建设，吸引与稳定合格的教师，并支持教师自身的专业发展，包括对青年教师的指导和培养。

（5）学校能够提供达成毕业要求所必需的基础设施，包括为学生的实践活动、创新活动提供有效支持。

（6）学校的教学管理与服务规范，能有效地支持专业毕业要求的达成。

在以上通用标准中，标准项"学生"体现了"以学生为中心"的理念，培养目标、毕业要求和持续改进体现了"成果导向"的教育理念，课程体系、师资队伍和支持条件共同支撑学生在毕业时能够达到毕业要求，进而实现培养目标并完成各标准项的持续改进。除通用标准外，《工程教育认证专业类补充标准》*同时规定了不同专业领域在上述一个或多个方面的特殊要求和补充。根据认证协会2020年发布的《工程教育认证专业类补充标准》（2020年修订），专业类补充标准的定位如下：

（1）拓宽适用专业口径，促进学科交叉融合。各专业类补充标准的适用范围统

---

* 标准原文可在"中国机械工程学会工程教育专业认证系统"网站上查阅。

一为专业类，不再具体到专业，部分专业类或专业按照相近原则共用一个补充标准。

（2）强化补充标准的"补充"属性，突出特殊要求，避免对通用标准进行细化或解释。

（3）从"课程导向"向"产出导向"转换，删除大量关于具体课程或教学内容的细化要求，避免限制专业特色，引导学校和专家关注产出评价机制的建设。

机械类专业认证补充标准适用于按照教育部有关规定设立的，授予工学学士学位，名称中包含"机械""材料成型""过程装备""车辆""智能制造"等词语的机械类专业。机械类专业认证补充标准具体要求如下：

（1）课程体系：机械类专业课程体系中自然科学类课程应包含物理、化学（或生命科学）等知识领域；工程基础类课程应包含工程图学、理论力学、材料力学、热力学、流体力学、电工电子、工程材料等知识领域；实践环节包括工程训练、课程实验、课程设计、企业实习、科技创新等；毕业设计（论文）以工程设计为主。

（2）师资队伍：专业主干课程教师了解本专业领域科学和技术的最新发展，应具有企业工作经验或相关工程背景。

8.3.2　工程教育专业认证程序

工程教育认证工作的基本程序包括以下6个阶段：

（1）申请和受理：学校在依据专业认证标准的要求进行初步自评的基础上，自愿提出书面申请，中国工程教育专业认证协会（后简称为"认证协会"）秘书处会同各专委会对认证申请进行审核，做出是否受理的决定。

（2）自评与提交自评报告：受理专业根据认证标准开展自评，逐条判定是否达成标准要求，在自评基础上撰写自评报告，提交认证协会秘书处。

（3）自评报告的审阅：专业类认证委员会对接受认证专业的正式自评报告进行审阅，做出是否通过自评的结论，并提出具体审核意见，审阅结论分为"通过""补充修改"和"不通过"三类。

（4）现场考查：专业类认证委员会委派现场考查专家组对自评审核"通过"专业及所在学校开展现场考查。

（5）审议和做出认证结论：各专业类认证委员会、认证结论审议委员会及其理事会分别召开会议，对专业认证结论进行审议，审议通过后，认证协会发布理事会批准的认证结论。

（6）认证状态保持与持续改进：通过认证的专业在认证有效期内，开展持续改进工作，其中包括年度报备持续改进相关资料（每年年底之前）、提交持续改进情况中期报告（有效期第三年年底之前）和开展中期审核。

具体认证流程如图8.2所示。

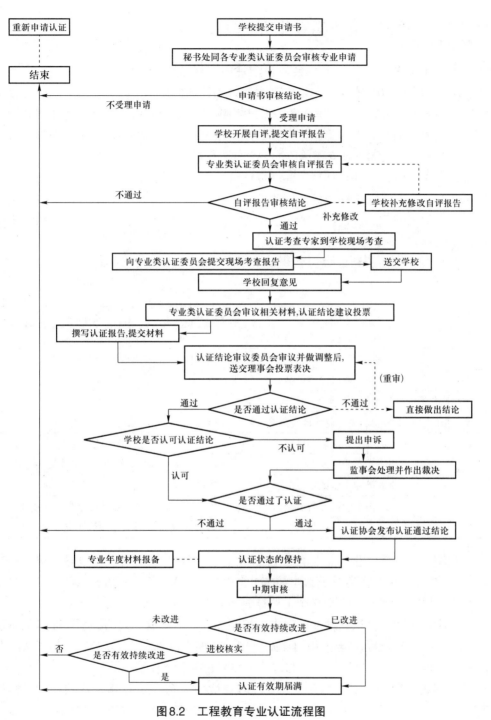

图8.2 工程教育专业认证流程图

8.4　中国工程教育专业认证现状

中国工程教育专业认证协会是我国开展工程教育专业认证的组织和实施机构。认证协会成立于2015年4月，是由工程教育相关的机构和个人组成的全国性社会团体，经教育部授权，开展工程教育认证的组织实施工作。认证协会接受社团登记管理机关民政部和业务主管单位教育部的监督管理和业务指导，是中国科学技术协会的团体会员，协会秘书处支撑单位为教育部高等教育教学评估中心。

认证协会致力于通过开展工程教育认证，提高我国工程教育质量，为工程教育改革和发展服务，为工程教育适应政府、行业和社会需求服务，为提升中国工程教育国际竞争力服务。认证协会建立了国际实质等效的工程教育认证体系，认证工作得到了国际同行的广泛认可。

截至2021年底，认证协会下设20个专业类认证委员会，见表8.3。

表8.3　专业类认证委员会

序号	名称	序号	名称
1	机械类专业认证委员会	11	水利类专业认证委员会
2	计算机类专业认证委员会	12	测绘地理信息类专业认证委员会
3	材料类专业认证委员会	13	安全类专业认证委员会
4	电子信息与电气工程类专业认证委员会	14	交通运输类专业认证委员会
5	化工与制药类专业认证委员会	15	食品类专业认证委员会
6	土木类专业认证委员会	16	纺织类专业认证委员会
7	环境类专业认证委员会	17	兵器类专业认证委员会
8	仪器类专业认证委员会	18	核工程类专业认证委员会
9	地质类专业认证委员会	19	轻工类专业认证委员会（筹）
10	矿业类专业认证委员会	20	能源动力类专业认证委员会（筹）

我国工程教育专业认证申请数量逐年提升。根据认证协会发布数据，截至2020年底，我国共有257所普通高等学校的1 600个专业通过了工程教育认证，涉及机械、计算机、材料、电子信息等22个工科专业类（图8.3）。

在中国工程教育认证发展历程中，机械类专业认证委员会历经了专业认证体系从无到有的创建过程，走过了中国从《华盛顿协议》的学习者逐渐成长为正式成员的艰辛历程，并在此项工作开展的过程中发挥着探索和开拓作用。

为构建具有国际实质等效性的工程教育认证体系，2006年，我国启动工程教育专业认证试点工作。中国机械工程学会率先联合各方成立了机械类专业认证试点工作组，启动专业认证工作。2010年，教育部批准机械类专业认证委员会（后简称"机械专委会"）成立秘书处，秘书处挂靠在中国机械工程学会，这是全国首个获准成立的专委会秘书处。2012年9月，中国科协指定中国机械工程学会承担国外专家的考查任务，同年，机械类专业接受了国外专家的现场考查观摩；2014年6月，我国向《华盛顿协议》提交转为正式成员的申请，机械专委会圆满完成了接受国外专家考查专业类委员会的任务；2016年1月，《华盛顿协议》专家组考查了两所中国高校的现场考查工作，其中两个机械类专业接受了考查。此外，2016年5月，应《华盛顿协议》正式成员日本提议，日本和印尼的认证组织代表观摩了中国工程教育认证工作，机械类专业认证现场考查接受了外方观摩，为我国加入《华盛顿协议》做出了重要贡献。

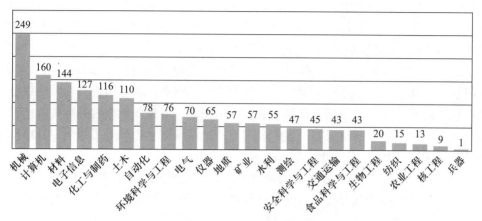

图8.3 我国工程教育认证各专业类已认证专业数量

机械类专业认证委员会现有来自企业界和教育界的认证专家200余人，其中，行业专家为相关行业的企业在职工程技术人员或新近退休的企业工程技术人员，教育界学术专家来自本专业的不同专业方向，具有高级职称和较丰富的教学或教学管理经历，且热心工程教育改革与人才培养。截至2020年底，全国共149所高校的249个机械类专业通过认证，覆盖全国30余万机械类专业毕业生。机械类专业认证发展与认证规模如图8.4所示。

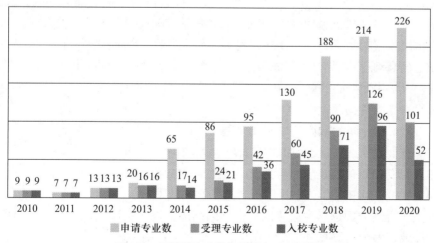

图8.4 机械类专业认证发展与认证规模

8.5 中国工程教育专业认证理念

工程教育专业认证遵循"成果导向、以学生为中心、持续改进"的基本理念，我国工程教育专业认证标准紧密围绕这三个基本理念进行设计。

（1）成果导向。成果导向强调专业教学设计和教学实施以学生接受教育后所取得的学习成果为导向，遵循的是反向设计原则，其"反向"是相对于传统教育的"正向"而言的。反向设计从需求（包括内部需求和外部需求）出发，由需求决定培养目标，由培养目标决定毕业要求，再由毕业要求决定课程体系。"需求"既是起点又是终点，从而最大程度上保证了教育目标与教育结果的一致性。

（2）以学生为中心。学生的学习成果是证明专业教育有效性最为有力和直接的证据，把全体学生的毕业要求达成情况作为评价的核心，专业培养目标围绕毕业时的要求以及毕业后一段时间所具备的职业能力设定。课程体系设置、师资队伍和支持条件配置以及各种质量保障制度的最终目的就是保证学生培养质量满足从事相应职业的要求。

（3）持续改进。强调专业必须建立有效的质量监控和持续改进机制，开展内部和外部评价，持续跟踪改进效果，将评价结果应用于推动专业人才培养质量不断提升。

8.5.1 成果导向教育

成果导向教育（Outcomes-based Education，以下简称"OBE"）是以学生的学习成果（产出）为导向的教育理念，由美国学者Spady等人提出，要求"把教育系统中的一切都围绕着学生在学习结束时必须能达到的能力去组织与设计"。经过四十多年的不断发展，形成了比较完整的理论体系。成果导向教育已成为美国、英国、加拿大等国家教育改革的主流理念，被工程教育专业认证完全采纳。2016年，我国正式加入了《华盛顿协议》，开始将OBE理念正式引用到工程教育认证标准中。相较于传统模式的教学方法，OBE理念并不拘泥于课堂的教学内容和教学时间，而是将重心转移到了学生的学习成果上。在教学过程中，教育者也不再是课堂主体，而是突出以学生为中心的教学原则。

成果导向教育强调以下4个问题：

（1）我们想让学生取得的学习成果是什么？

（2）我们为什么要让学生取得这样的学习成果？

（3）我们如何有效地帮助学生取得这些学习成果？

（4）我们如何知道学生已经取得了这些学习成果？

这里所说的成果是学生最终取得的学习结果，是学生通过某一阶段学习后所能达到的最大能力。它具有以下6个特点：

（1）成果并非先前学习结果的累计或平均，而是学生完成所有学习过程后获得的最终结果。

（2）成果不只是学生相信、感觉、记得、知道和了解，更不是学习的暂时表现，而是学生内化到其心灵深处的过程、历程。

（3）成果不仅是学生所知、所了解的内容，还包括能应用于实际的能力，以及可能涉及的价值观或其他情感因素。

（4）成果越接近"学生真实学习经验"，越可能持久存在，尤其是经过学生长期、广泛实践的成果，其存续性更高。

（5）成果应兼顾生活的重要内容和技能，并注重其实用性，否则会变成易忘记的信息和片面的知识。

（6）"最终成果"并不是不顾学习过程的结果，学校应根据最后取得的顶峰成果，按照反向设计原则设计课程，并分阶段对阶段成果进行评价。

成果导向教育遵循反向设计原则，从需求开始，由需求决定培养目标，由培养目标决定毕业要求，再由毕业要求决定课程体系。OBE在课程教学中的具体体现：首先要明确课程对毕业要求的支撑和贡献，再根据支撑情况设置课程目标，最后根据课程目标确定与之对应的教学内容和教学方法。

（1）制定培养目标。培养目标是对毕业生在毕业后5年左右能够达到的职业能力和专业成就的总体描述。它是专业人才培养的总纲，是构建专业知识、能力、素质结构，形成课程体系和开展教学活动的基本依据。人才培养目标的确定是为满足教育利益相关方的需求，突出实际能力的培养和训练。一方面是外部需求，包括国家、社会及行业、产业发展需求，学生家长及校友的期望等；另一方面是内部需求，包括学校定位及发展目标、学生发展需求等。专业培养目标的制定一般需要遵循以下四个方面：第一，从学校的办学定位出发；第二，从社会与行业的用人需求出发；第三，从专业评估和专业认证的角度出发；第四，从专业的未来发展角度出发。在制定培养目标时要广泛听取利益相关者的意见和建议，利益相关者包括校友、应届毕业生、用人单位雇主、学界专家、学生家长和专业教师等。可以利用应届生就业问卷调查、毕业生问卷调查、用人单位满意度问卷调查以及座谈等形式获取需求信息。

在培养目标制定过程中需要注意的是，职业能力的预期不能与毕业要求混淆，应站在职场角度和社会环境下描述能力，职业能力应高于或强于毕业要求；培养目标的制定应体现专业特色，特色可体现在服务领域、支撑学科、职业能力预期等方面。另外，培养目标预期应当与目标定位和特色相呼应。

（2）设计毕业要求。毕业要求又称毕业生能力，是对学生毕业时所应该掌握的知识和能力的具体描述，包括学生通过本专业学习所掌握的技能、知识和能力，是学生完成学业时应该取得的学习成果。培养目标更加关注的是学生"能做什么"，而毕业要求更加关注的是学生"能有什么"，"能做什么"主要取决于"能有什么"。从这种意义上讲，培养目标是确定毕业要求的依据，毕业要求是达成培养目标的支撑。专业的培养目标一般有4~6条表述，每一条必须由1个或多个毕业要求支撑。

当培养目标正式确立之后，专业需要合理设计毕业要求。毕业要求的设计应该遵循两条原则：一是毕业要求能够支撑培养目标的实现，二是毕业要求应全面覆盖工程教育专业认证标准要求。

为更好地建立课程体系对毕业要求的支撑关系，一般可将1条毕业要求分解成若干个指标点，指标点和毕业要求之间应该具有明确的对应关系，在表述指标点时，可以使用合适的动词，表达学生能力在程度上的差异，体现解决复杂工程问题的能力。指标点分解时需要注意：① 指标点是毕业要求的内涵解读，是为课程支撑和评价提供的观测点，不是毕业要求的简单拆分。② 指标点分解应体现学生能力形成的内在逻辑或要素，内涵可衡量，有专业特色，有助于师生准确理解毕业要求，能有效引导课程建设。

（3）理清课程体系。毕业要求是对毕业生应具备的知识、能力、素质结构提出了具体要求，这种要求必须通过与之相对应的课程体系才能在教学中实现。也就是说，毕业要求必须逐条地落实到每一门具体课程中。毕业要求与课程体系之间的对应关系一般可以用矩阵形式表达，通常称之为课程矩阵。它能一目了然地表明每门课程教学对达到毕业要求的支撑和贡献，还可以用作研究课程与课程之间的关系。通过课程矩阵可以分析各门课程知识点之间是互补、深化关系，还是简单重复关系，从而为重组和优化课程教学内容提供依据。课程矩阵设计的合理性需要考虑以下几方面因素：一是布局合理，即所有的毕业要求，特别是非技术要求，都有相应教学环节支撑，无明显的薄弱环节，且支撑课程覆盖了所有必修教学环节。二是定位准确，即每项毕业要求都应有重点支撑的课程，高度支撑的教学环节能体现专业核心课程和重要实践性环节的作用，可用于证明毕业要求达成情况。三是任务明确，即每门课程都应当在矩阵中找准位置，在此基础上，再进一步细化任务，落实到指标点。

（4）编制教学大纲。毕业要求需要逐条地落实到每一门课程的教学大纲中去，从而明确某门具体课程的教学内容对达到毕业要求的贡献。编制教学大纲时必须考虑以下几方面要素：① 建立课程目标和毕业要求之间的关系，课程目标能与毕业要求清晰对接，可以体现学生的学习成果，并能引导课程的教学与考核。② 建立课程教学与课程目标之间的关系，教学内容能够支撑课程目标的实现，有助于课程目标的达成并体现培养解决复杂工程问题的能力。③ 建立课程考核与课程目标之间的关系，针对课程目标提出课程考核要求，考核方式有助于课程目标评价且覆盖全体学生，评分标准针对课程目标设计且及格标准能体现课程目标的达成。

传统式教学的教学大纲实际上是对教材所规定的教学内容按照章、节顺序对讲授时间做出的安排。它规定了每一章（节）的讲授学时以及每堂课的讲授内容，教学内容与毕业要求的关系不明确，以致老师"教不明白"、学生"学不明白"。成果导向教学的教学大纲，是按所涉及的毕业要求的条目（而不是按教材的章节）编写的。这样，对于每一堂课，无论是老师还是学生都会十分清楚自己所教或所学对达到毕业要求的贡献，故而使老师"教得明白"、学生"学得明白"。

8.5.2 以学生为中心的教学理念

课堂是教学实施的主要形式，课堂教学是使学生能够达到毕业要求、达成培养目标的基础。教学实际上有两方面：一是教什么、怎么教和教得怎样；二是学什么，怎么学和学得怎样。前者是以教师为中心的教学，后者是以学生为中心的教学，传统课堂教学主要强调前者而忽视了后者。OBE采用以学生为中心的教学理念和教学模式，强调学生在教学中的主体地位，在教学过程中将学生放在"中心位置"，充分体现了"以人为本"的教学理念。

成果导向教学原则是"教主于学"。即教之主体在于学，教之目的在于学，教之效果在于学。"教之主体在于学"就是教学要以学生为中心，这是教主于学的核心。"教之目的在于学"解释了"为什么教"。"教之效果在于学"是如何评价教学。要放弃传统的"以教论教"，坚持"以学论教"的评价原则，"教得怎样"要通过"学得怎样"来评价。

教学的主体包括教师和学生。传统课堂教学是教师传授知识的过程，教师处于中心地位。教师是课堂的权威与主角，把握着课堂话语的主导权。学生跟着教师的节奏、步伐，聆听式学习，课堂发言也基本属于非主动发起，即按照"教师发起—学生回应—教师评价"的步骤进行。教师课堂讲授知识太多，学生展现自己的学习成就、理解、思考的机会就会大大减少。在这种教学模式下，学生看不到学习中自我的重要地位，缺乏自主探索、实践、反思的学习过程，主动参与度不高。成果导向教育要求"一切都围绕着学生在学习结束时必须能达到的能力去组织与设计"，体现了学生的中心地位。教师化身为教学过程的设计者、推动者，学生学习的指导者，不再是知识的传授者和教学的控制者。课堂教学，教师不再是热情激昂地讲授，更多的时候是作为学习过程中的倾听者、观察者、建议者，学生则是主动学习者、建构者、探索者和求助者，适时接受教师的指导与建议。以学生为中心的教学，需要实现从"重教轻学"向"教主于学"转变，从灌输课堂向对话课堂转变，从封闭课堂向开放课堂转变，从重学轻思向学思结合转变，从知识课堂向能力课堂转变。

在教学方法和策略方面，传统的教学模式中，教师依赖教学内容来组织课程知识体系，关注的是内容上的完整性。OBE理念则将关注重点放到学习成果上，可以从项目化的角度出发来逐步细化教学内容和教学方法，增加课堂趣味性。另外，教师应摒弃满堂灌、填鸭式的教学方法，在教学过程中关注学生的动态化表现，将探究式教学、情景式教学、小组式教学逐步渗透到课堂中，进一步激发学生的创新思维和创新意识，促进学习成果的高效率产出。在OBE理念下，每一位学生都是课堂的主体，每一位学生也都是自己人生的主宰者。但需要强调的是，教育者要关注学生之间的个体差异，根据他们的性格特点、学习能力以及兴趣爱好来制定不同的教学方法。严格落实因材施教，以此来保证每一位学生在校期间都能够学有所成，进而达到符合自身预期的学习成果。

8.5.3　教学评价与持续改进

传统的教学评价模式最突出的问题在于评价没有围绕学习中心开展。从评价对象而言，教学评价主要针对教师，是以教为中心的课堂教学评价，按照统一指标对教师的授课能力、水平和效果进行评判，评教而非评学。从方式而言，一般是以试卷为主的期末考试，手段单一。通过考试主要评测学生对知识的记忆与掌握情况，这种方式很难考查学生能力、情感态度及价值观的真实水平，也不利于学生高阶学习能力的形成。从功能上看，传统评价方式重在甄别与选拔，多为终结性的。学生往往只在期末考试，通过成绩反映教学的效果，学生知识掌握的水平，对后续学习的支持和促进力度不够。从主体上看，传统课堂教学评价主体是教师，很少引导学生对学习开展评价，忽视了学生主体，课堂教学评价主体单一，不利于学生对学习策略、方法的掌握与改进。成果导向教学评价以促进学生发展为主要宗旨，是持续改进的重要环节。教学评价中，强调形成性评价，而不是终结性评价。注重评价方式的多样化，而非单一化。评价主体上，注意调动学生的参与，呈现多元化。

OBE 有两条线，即面向产出教学的"主线"和面向产出评价的"底线"。OBE要抓住"主线"，守住"底线"。面向产出的评价包括课程目标达成情况评价和毕业要求达成情况评价。面向产出的课程教学评价是毕业要求达成评价的基础。为保证学生达成课程目标，促进课程的持续改进，针对课程教学的评价分为两种类型：一是学习效果的形成性评价（本质上是过程性评价），二是课程目标的达成度评价。其中，前者关注的是过程，后者关注的是结果，目的都是持续改进。"形成性评价"是在教学过程中，教师为了解学生学习情况而进行的学习效果评价。形成性评价的目的是让教师随时了解每个学生学习情况，及时给学生反馈或做出教学调整，以促使学生更好地学习。这个过程，既利于学生不断改进与优化学习，同时也有利于教师反思教学，提高教学的效果。形成性评价的特征是在教学过程中收集信息，关注个体差异性，及时反馈学生和调整教学策略，帮助和促进学生更好地学习，达成目标。课程的形成性评价方法包括以下 8 种：

（1）课前问卷：了解学生的知识准备情况，对课程学习的兴趣和期望。

（2）课堂互动：老师提出的一个或一组问题，要求学生当堂快速作答，或有学生提出问题，鼓励其他学生作答。

（3）综述要点：一个单元课程结束后，让学生简要综述该单元知识要点。

（4）学习小结：在一个单元课程结束时让学生写一个简要学习总结。

（5）自由讨论：学生的学习小组就课程相关问题自由交换思想，从准备、倾听、表达、深度四个方面评价他们有效参与讨论的程度。

（6）课堂考勤：了解学生的出勤状况和缺勤原因。

（7）阶段测验：单元结束，出卷测试，了解学习状态。

（8）课堂观察：关注学生课堂上的精神状态、专注度、互动性、积极性。

面向产出的课程目标评价判断的是课程目标的达成情况而不是教学内容的掌握

情况。课程目标达成评价的实施要点包含以下几方面：

（1）抽取评价样本，收集评价依据。按照好、中、差均等的原则，抽取具有统计意义的学生样本，收集评价依据。

（2）判定评价依据的合理性。考核方法的选取是否合适？考核内容是否针对课程目标设计？评分标准是否明确？

（3）设定期望值。根据评分标准和考核难度，设定每项课程目标的达标期望值（等级、分数或文字描述），作为评价基础。

（4）分析评价结果。针对课程目标，采用定性或定量的方法，分析学生样本的总体表现与期望值的吻合度，发现短板，分析原因，持续改进。

面向产出的评价是持续改进的基础和重要环节，专业需要建立"评价—反馈—改进"反复循环的持续改进机制，实现培养目标的持续改进，以保证其始终与内、外需求相符合；实现毕业要求的持续改进，以保证其始终与培养目标相符合；实现教学活动的持续改进，以保证其始终与毕业要求相符合。

8.6　智能制造工程专业建设

在新一轮科技革命和产业变革中，智能制造已成为世界各国抢占发展机遇的制高点和主攻方向。随着我国从"中国制造"向"中国智造"转型，无论是从国家政策，还是从用户需求乃至技术创新角度来看，中国制造业智能化转型都已刻不容缓。在制造企业的产品开发、应用调试到售后维护整个过程中，"智能化"需要人的"智慧化"，智能制造专业人才缺口急剧增大。因此，我国亟须从国家层面来建立智能制造人才培养和评价体系，对智能制造相关工程技术人员进行统一规范引导。

智能制造人才的培养重点依托设立智能制造工程专业的高校。依据教育部公布数据显示，截至2022年2月，全国共有265所高校设立智能制造工程专业，这为我国智能制造工程技术人才的培养提供了保障。与此同时，企业和青年人才也向"智能制造"培养工作提出了更高的要求，这促使高校、企业、学会和行业协会等携手努力，促进"智能制造"人才培养工作，做好智能制造工程技术人才培训与评价工作。

8.6.1　智能制造工程技术人员国家职业技术技能标准简介

智能制造工程专业作为"新工科"专业的典型代表，其课程体系是以传统的机械工程专业为基础，并与计算机、自动化、管理、通信等各专业交叉融合，近年来成了机械类专业中较为热门的专业。培养一批符合智能制造技术需求的专门人才不仅成为该专业培养目标的主要任务，也是支撑我国智能制造行业快速发展的优先保障。

需要注意的是，我国部分开设智能制造工程专业的高校存在专业建设理念较为传统，对于智能制造工程技术人才的培养模式、路径和方法尚不清晰，专业课程设置合理性欠缺，智能制造工程相关教材相对短缺，学生能力的培养不足以适应经济变化、满足市场需求以及教学重理论轻实践等问题。这些问题在一定程度上制约了工程技术人才的培养和我国智能制造行业的发展。

为贯彻落实《关于深化人才发展体制机制改革的意见》，推动实施人才强国战略，促进专业技术人员提升职业素养、补充新知识新技能，实现人力资源深度开发，推动经济社会全面发展，人力资源和社会保障部联合工业和信息化部委托中国机械工程学会，制定了《智能制造工程技术人员国家职业技术技能标准》（以下简称《标准》），并于 2021 年 2 月颁布实施。《标准》规定了智能制造工程技术人员专业技术等级分为初级、中级、高级，不同等级包含不同的职业方向，并对各职业方向的工程技术人员所具备的专业知识、岗位能力、职业功能、工作内容等方面进行了详细描述。通过《标准》的制定与颁布，既可以让各高校智能制造工程专业在开展相关课程体系建设、教师队伍建设、专业培养目标修订、教学内容的安排以及教学改革等方面工作中做到有据可依，有的放矢，也为专业培养高质量智能制造工程技术人才提供了指南针与航向标。

8.6.2　智能制造工程专业认证

除《标准》外，基于我国工程教育专业认证标准的专业认证工作，为我国各高校工科专业人才培养提供了重要的理论依据。按教育部规定，智能制造工程本科专业属于机械类专业领域，开设智能制造工程专业的高校在培养三届毕业生后，即可申请机械类专业认证。智能制造工程专业以本专业核心知识领域为依托，在进行专业认证时，需要满足认证通用标准中规定的"学生""培养目标""毕业要求""持续改进""课程体系""师资队伍"和"支持条件"七个方面的要求。作为融合了机械制造、电子工程、信息技术和计算机科学等交叉学科的新兴专业，相较于传统的机械类专业，智能制造工程专业在人才培养方案的设计上有着更为广阔的提升和发展空间。需要注意的是，智能制造工程专业在进行专业认证时除了应满足认证通用标准外，还需满足专业类补充标准中对"课程体系"及"师资队伍"的具体要求。智能制造工程专业在专业建设过程中需关注从"课程导向"向"产出导向"的转换，重点突出专业在产出评价机制方面的建设，培养和造就一支高质量、高水平的智能制造人才队伍，推动中国高端密集型制造业发展，创造全新制造模式，助力中国占领全球制造业竞争的战略制高点。

_ 第9章 _

附　录

9.1　概述

本章主要介绍国内外相关高校在智能制造工程方面的专业开设与课程设置情况。选取了美国密歇根大学机械工程专业智能制造培养模块、普渡大学智能制造工业信息学专业以及德国的卡尔斯鲁厄理工学院机械工程专业工业4.0模块作为国外典型案例进行介绍。在国内案例的选取上，鉴于目前已有200余所高校获批建设智能制造工程专业，在综合考虑大学的层次以及专业的人才培养目标，分别从双一流高校、普通高校、应用型高校三个维度选取10所代表性高校，对智能制造工程专业/模块的培养方案进行介绍，希望能以点带面，为各高校的智能制造工程专业建设提供有益借鉴。

9.2　美国密歇根大学机械工程专业智能制造培养模块[*]

9.2.1　培养目标

培养智能制造系统所需技能；培养系统思维，具备整合多项技能解决问题的能力；具备工厂智能生产系统建模与开发、生产过程智能控制关键技术研究的能力；具备智能生产系统效能评估分析能力；具备将所学知识应用于智能制造领域相关的研究、创新、服务或创业项目的能力。

9.2.2　学习要求

通过本模块的培养，学生能了解或掌握智能制造范畴内的先进信息和制造技术，以应对全球制造业动态变化的需求。具体要求包括了解智能制造系统，了解智能制造结构、信息要求和潜在有效性；掌握可编程制造的知识；学习基本的设计原理，熟悉材料和机械基本元素，了解基本原型制作和制造工具的实践和局限性；掌握先进信息技术在制造领域中的智能化应用，如数据分析、云计算等。

---

[*]　本节参考了密歇根大学官网上的相关信息。

9.2.3　课程设置

美国密歇根大学机械工程专业智能制造培养模块的主要课程见表9.1。

表9.1　美国密歇根大学机械工程专业智能制造培养模块的主要课程

课程名称	目标	学分数
统计质量控制和设计	介绍工程统计基础、设计分析方法、统计过程控制等	3
智能制造系统	介绍数据分析、云计算和自动化等技术在制造系统智能化方面的作用与主要应用	3
面向可制造性的设计	介绍设计对经济生产的重要性,设计易于制造与组装的产品,提升设计稳健性	3
设计和制造的装配建模	介绍各种建模和设计方法,包括组装表示、约束建模、变异分析、装配序列分析和装配系统建模	3
智能增材制造基础	介绍工业4.0背景下增材制造的应用	3
集成产品开发	学生组队,通过市场研究、产品设计、产品开发和制造、定价、需求预测和库存控制的综合练习,培养集成产品开发能力	3
数据分析工具与技术	介绍数据、业务和工程分析所需的计算工具,以及使用Python的基本推理统计分析和预测分析	4
优化和计算方法	介绍优化模型和计算算法,重点包括线性和整数规划、单纯形和分支定界算法、二元性、互补松弛和敏感性分析等及其在制造、交通等工业领域的实际应用	3
仿真设计与分析	介绍离散事件仿真建模与分析及具体服务、制造业的应用	3

　　本模块课程涵盖从产品设计到设施规划、工艺、生产系统和质量控制技术,强调数据分析、云计算和自动化等智能技术在智能制造领域的作用。教学中将邀请制造业相关技术专家以及智能制造领域研究和应用专家(如学术研究人员、行业和资助机构)进行授课,学生通过参与实验室或工厂的工程项目与应用案例研究,快速理解并掌握智能制造的定义、概念及关键要素。

9.3　美国普渡大学智能制造工业信息学专业培养计划[*]

9.3.1　培养目标

　　本专业的特点是全面整合工业4.0的数字化转型技术和能力,通过向学生介绍工业物联网(IIoT)、信息物理系统(CPS)、新一代人工智能、机器学习、制造智

---

　　[*]　本节参考了普渡大学官网上的相关内容。

能/分析、云/边缘计算、增强现实、模拟、人机协同、增材制造和工业网络安全等的课程内容，深入了解物理生产与信息技术的融合方法，结合工程实践培养环境，构建、开发、制作智能制造系统原型和测试创新项目，使学生能掌握工业级设备/系统的研发和应用、数据驱动的生产系统建模与优化、生产过程决策与优态控制的知识和能力。

9.3.2 课程设置

本专业培养对象为理学学士，学分要求为120学分，课程体系由专业必修课程、其他系/专业课程与选修课程三部分组成。主要课程如表9.2所示。

表9.2 普渡大学智能制造工业信息学专业主要课程（不包括选修课）

课程名称	目标	学分数
专业必修课程		
工程技术基础	介绍定义和解决工程技术问题所需的知识和技能	3
工程技术应用	介绍电气、电子、机械和工艺实验知识和技能，包括简单故障排除技术和安全实践	1
材料和工艺Ⅰ	介绍材料选择、评估、测量和测试方面的知识和技能	3
制造系统	介绍常用制造工艺和工具，包括材料去除、测量、统计质量控制、装配工艺、工艺规划和优化、数控编程和自动化制造等	3
工业控制简介	介绍与现代工业控制系统相关的概念、设备和常见做法，学习如何布线、编程和排除基于PLC的控制系统的故障	3
工业物联网、网络和系统Ⅰ	介绍工业物联网（IIoT）设备与网络及融合信息技术（IT）和操作技术（OT）的工业自动化系统标准	3
工业物联网、网络和系统Ⅱ	介绍工业物联网（IIoT）在工业自动化系统中的应用，IT和OT参考架构、工业网络融合，基于边缘、混合和云的工业应用背景下的安全实践	3
机器人简介	介绍机器人学的基本概念，机器人技术，机器人分类，机器人编程，臂端工具，自动化传感器，机器人和系统集成等	3
智能制造云计算应用	介绍云计算的概念，智能制造环境下计算资源和服务的云虚拟化处理。面向智能制造的云工具、应用和服务的基本概念	3
过程和连续控制应用	介绍面向智能制造过程和控制的设备、算法、策略和标准	3
自动化制造工艺	介绍计算机集成制造的车间组件，计算机自动化制造过程和技术的应用和编程实践	3
智能制造系统建模与仿真	介绍工业物联网（IIoT）在智能制造中资产、流程和操作的建模与仿真的知识	3
混合现实智能制造应用与设计	介绍混合现实（MR）在智能制造系统中的应用，数字内容与物理系统的叠加，智能生产操作、流程和机器数据的整合	3

课程名称	目标	学分数
智能制造生产信息系统	介绍智能制造信息系统,生产过程和车间执行系统的连接、可见性和分析,制造执行、运营管理和ERP系统的集成	3
机器学习和制造分析	介绍基本的机器学习(ML)分析技术和制造应用中常用的ML算法和技能	3
智能制造系统 I	介绍人工智能、工业物联网和大数据、机器学习在智能生产和运维中的应用,优化生产工艺,提高生产与服务率、质量和效率	3
智能制造系统 II	介绍人工智能、机器学习、工业物联网和大数据等技术在预测分析中的应用,优化智能制造价值链网络流程和操作	3
增材制造简介	介绍增材制造的基本概念,增材制造工艺和材料选择,增材制造设计,支撑结构生成,打印工艺规划以及质量控制技术	3
智能制造自主人机系统	介绍机器人认知与智能人–机器人系统在非结构化制造环境中的应用	3
工程技术顶点课程 I	介绍定义、设计和开发工程技术解决方案所需的技能,强调规划和设计替代方案以满足成本、性能和用户界面目标,研究项目规划、日程安排和管理技术	3
工程技术顶点课程 II	解决一个基于行业的工程问题,该课程的重点是设计和实施一个可接受的解决方案	3
其他系/专业课程(部分)		
几何建模应用◆	介绍三维几何建模的过程,以及用于创建基于约束的实体和表面模型的构造技术	3
软件开发概念简介◆	介绍数编程语言所共有的基本软件开发概念	3
电子系统	介绍关键电气和电子系统的基本性能和应用	3
应用微积分 I ◆	介绍三角函数和指数函数,极限和微分,微积分基本定理,定积分的属性和数字方法	3
应用微积分 II ◆	介绍积分技术,无限级数,收敛测试,微分方程和初值问题,特征值和特征向量	3
技术设计思维◆	学生参与对现实世界问题和全球挑战的批判性分析。从社会、文化和道德的角度出发,主动应用以人为本的设计原则来开发解决方案,能有效地沟通并在团队中良好工作	3
供应链管理技术简介◆	介绍供应链管理技术,包括供应链功能、组织供应链、供应链战略、供应链流程图,以及使用供应链技术分析和绩效测量	3
普通物理学◆	介绍力学、热学和声学等知识,面向非物理专业的学生	4
初级统计方法◆	介绍应用于不同领域的统计方法,强调理解和解释标准技术	3

◆ 表示关键或重要课程。

顶点课程是本专业开设的一种能让学生整合、拓展、批判和应用在本学科领域学习中所获知识、技能和态度等的课程，其有两个显著特点：一是为学生提供整合已学知识、技能和态度等的机会；二是通过要求学生完成工程实践性项目，让其把所学知识和技能应用于解决实际问题，提升解决工程问题的能力。

9.4 德国卡尔斯鲁厄理工学院机械工程专业工业4.0模块培养计划*

9.4.1 培养目标

通过重点学习机械工程学与基础科学（如高等数学、力学）、设计、物流和管理、生产和生产计划等方面的知识，深入了解智能制造背景下的科学理论、机械原理和方法，培养学生跨学科研究、解决问题和智能制造系统规划能力，通过研究型和实践型导向培养，最终将学生培养成为工业4.0领域的优秀人才。

9.4.2 学习内容与要求

本模块重点聚焦针对工业 4.0 时代的集成生产计划，要求掌握如下内容：了解工厂生产的基础、历史和发展；了解工厂集成生产计划和端到端数字化工程，集成生产系统的原理和工业4.0的发展；掌握工业4.0工厂设计方法，包括工厂整体系统规划、数据收集分析、概念设计、详细规划等；掌握制定与优化工厂生产计划的关键技术，包括虚拟仿真、VR/AR、系统建模、算法设计、数据获取与组织管理、物联网、产品生命周期管理等；结合具体实例，掌握分析与解决工业4.0背景下生产技术基本问题的方法与技术。

9.4.3 课程设置

德国卡尔斯鲁厄理工学院机械工程专业工业4.0模块的主要课程如表9.3所示。

表9.3 德国卡尔斯鲁厄理工学院机械工程专业工业4.0模块的主要课程

课程名称	目标	学分数
自动化生产系统	了解工件、工具、物料流、机器人、控制技术、质量保证、装配	8
生产运作管理	熟悉生产技术（制造过程、制造和装配系统）、工作计划、控制和设计、物料流、业务基础	5

---

* 本节参考了卡尔斯鲁厄理工学院官网相关信息。

续表

课程名称	目标	学分数
制造技术专题	了解制造技术流程,掌握制造技术、工艺链常用方法的工艺知识	4
综合生产计划	掌握生产网络和系统、工厂和装配计划、物料流、生产计划和控制、生命周期性能	8
生产和材料技术	了解元件尺寸、材料选择、制造工艺、工艺选择	9
全球生产和物流——第1部分:全球生产(WS)	了解全球销售、特定地点生产,掌握生产网络等技术	4
汽车工业车身材料和工艺原理	了解车身轻量化结构(金属、塑料),掌握创新制造工艺的概念	4
质量管理	熟悉质量管理方法、生产计量、统计方法、服务、认证选项、法律方面	4
生产系统和工艺的模拟(WS)	模拟工艺、工厂和工厂,从而测试、验证、模拟生产计划与调度方案可行性	5
机床与搬运技术	了解结构和应用/使用机床和搬运技术,选择、设计和评估机械工具	8
控制技术	熟悉信号处理、过程状态的检测和影响、电气控制、总线系统	4
成形技术	掌握实体和钣金成形、机床、摩擦学、材料科学、生产计划、塑性理论	4
生产工程实验(SS)	掌握现代工厂零件加工知识的实际应用	4
汽车工程中的生产技术和管理方法	了解汽车工业和汽车技术、产品开发的基础知识、全球网络、规划和优化的分析方法	4
微加工项目:微系统的开发和生产	基于特定开发项目的团队开发和微系统生产	6

9.5 同济大学智能制造工程专业培养模式

9.5.1 专业基本情况

2018 年同济大学率先设置了智能制造工程专业,是教育部首批设置的"智能制造工程"新工科四年制本科专业,总学分为 168 学分,是机械工程、控制科学与工程、计算机科学、管理科学与工程等多学科交叉的专业。

本专业依据同济大学的人才培养模式,培养具有数学、自然科学基础理论和机械、信息等相关专业知识及人文职业素养；具备面向工程实践，发现、分析、解决智能制造领域的复杂工程问题能力，并具有国际化视野；身心健康、良好的道德修养和社会责任感，具有严谨、求实、团结、创新精神的人格。毕业生能够在企事业单位、政府部门从事智能制造相关产品及系统的设计制造、技术开发、科学研究、经营管理等工作，解决智能制造领域的复杂工程问题，成为本领域的技术骨干或管理人员。

9.5.2　学制学位要求

学制4年，总学分168学分。完成专业培养方案规定的学分，且符合学位授予规定的，授予工学学士学位并颁发学位证书。

9.5.3　课程体系

本专业的主干学科为机械工程、计算机科学与技术、控制科学与工程、管理科学与工程，课程体系设置涵盖了主干学科及相关学科的知识和能力要求。具体的课程体系由通识教育课程（40.5学分）、大类基础课程（31学分）、专业课程（含专业基础课27.5学分、专业必修课15学分、专业选修课16学分、实践环节34学分，共计92.5学分）、个性课程（4学分）四类课程构成，共计168学分。核心课程主要包括智能技术数学基础、智能制造工艺、制造系统的感知与决策、生产系统智能化技术、知识工程及应用、精密传动与智能设计等。课程设置如表9.4所示。

表9.4　同济大学智能制造工程专业的课程设置

课程类别	课程名称	学分数	必修/选修
通识教育课程（40.5学分：必修34.5学分，选修6学分）	军训	2	必修
	形势与政策	2	
	思想道德修养和法律基础	3	
	中国近现代史纲要	3	
	马克思主义基本原理	3	
	毛泽东思想和中国特色社会主义理论体系概论	5	
	习近平新时代中国特色社会主义思想概论	2	
	军事理论	2	
	体育	4	
	大学英语	6	
	Python程序设计	2.5	
	通识教育类选修课	6	选修

续表

课程类别		课程名称	学分数	必修/选修
大类基础课程 （31学分）		高等数学（B）	10	必修
		普通物理（B）	6	
		物理实验	1.5	
		普通化学	3	
		普化实验	0.5	
		线性代数B	3	
		概率论与数理统计	3	
		机械制图1,2	4	
专业课程 （92.5学分）	专业基础课 （27.5学分）	智能制造导论	2	必修
		理论力学1	1.5	
		材料力学B	2	
		机械工程材料	2	
		工业大数据与云计算	2	
		人工智能	2	
		电工学（电工技术）	4	
		流体力学与液压传动	2	
		智能技术数学基础	2	
		智能制造工艺	2	
		控制工程基础	2	
		机械设计基础	4	
	专业必修课 （15学分）	生产系统网络与通信	2	必修
		传感与精密测试技术	2	
		制造系统的感知与决策	2	
		生产系统智能化技术	3	
		知识工程及应用	2	
		精密传动与智能设计	2	
		智能制造竞赛	2	
	专业选修课 （16学分）	智能制造装备	3	必选
		数据库技术与应用	2.5	必选
		系统建模与仿真	2.5	必选
		软件工程	2	必选

续表

课程类别		课程名称		学分数	必修/选修
专业课程（92.5学分）	专业选修课（16学分）		科技论文写作	2	必选
		智能设计与制造模块	机器视觉理论与应用	2	选修
			机器人	3	
			增材制造技术	3	
		智能服务模块	设备的预测性维护与远程诊断	2	
			制造系统信息安全	2	
			工业智能云服务	2	
		智能管理模块	精益生产与管理	2	
			供应链管理	2	
			人因工程	2	
			能源管理	2	
	实践环节（34学分）		工程实践1	3	必修
			制图测绘实践	1	
			智能制造工艺实验	1	
			机械设计基础课程设计	1	
			电子电路设计	1	
			CPS与物联网实践	3	
			传感与精密测试技术实验	1	
			生产系统网络与通信项目设计	2	
			机械电子系统项目设计	2	
			智能制造项目管理实践	2	
			毕业设计（论文）	16	
个性课程（4学分）			智能制造系统综合设计	4	必修
学分总计		168			

9.5.4　支撑条件

依托同济大学机械工程国家重点学科，拥有国家级机械实验教学示范中心、重大工程施工技术与装备教育部工程研究中心、国家土建结构预制装配化工程技术研究中心，以及同济大学－西门子机电控制实验室、同济大学－斯来福临数控磨削加工实验室、同济大学-帕克液压传动与控制实验室、工业4.0学习工厂等多个中德合作基地和校企联合实验室。

专业新建具有鲜明智能制造特色的"同济大学智能制造中心（IMC）"，通过与德国菲尼克斯、西门子、蔡司、美国国家仪器（NI）等合作，建成了"中德精密智能制造工艺实验室""智能机器人冲铆联结及轻量化成型工艺实验室""多机器人可重构智能装配实验室""中德智能生产系统实验室""大功率激光切焊一体化加工实验室""智能感知与控制实验室"6个具有世界先进技术与装备的专业实验室与平台。

专业注重国际交流。与德国、意大利、美国和日本等建立了人才国际化合作培养模式。通过中德机械工程中心，建立与德国卡尔斯鲁厄理工学院、达姆施塔特工业大学等知名大学，德国西门子、博世力士乐等知名企业的合作，为学生提供国际交流平台，加强学生创新实践能力培养，提升学生竞争力。

9.6　西安交通大学智能制造工程专业培养方案

9.6.1　培养目标

毕业生应具有"一等品行"和以"精勤、敦笃、果毅、忠恕"为核心的人格价值观，具备较强的工程社会观、工程系统观、工程伦理观和国际视野，掌握宽厚的科学和工程基础理论，以及扎实的智能设计、智能生产及智能运维等涵盖产品全生命周期的专门知识，能在智能制造及相关领域的产品开发、技术研发、生产管理、科学研究等工作岗位中，综合乃至创新性地运用自动化、数字化、智能化技术，并能融合对社会、法律、安全、文化、环境等非技术性因素的考虑，有效解决复杂工程问题，不断自我革新成长，表现出现代工程科技领军人才潜质。

9.6.2　学制学位要求

学制4年，完成专业培养方案规定的162学分及课外实践8学分，军事训练考核合格，满足西安交通大学外语水平及体育达标要求，通过《国家学生体质健康标准》测试，符合《西安交通大学本科生学籍管理与学位授予规定》的，授予学位并颁发学位证书。

9.6.3　课程体系

本专业的主干学科为机械工程，相关学科包括仪器科学与技术、信息与通信工程、计算机科学与技术、动力工程及工程热物理、管理科学与工程。课程体系涵盖了主干学科及相关学科的知识和能力要求。具体的课程体系由通识教育课程（38学分）、大类平台课程（含数学和自然科学类课程38学分，工程基础、专业基础课程34学分）、专业类课程（含专业核心课程20学分，专业选修课程8学分）、集中实践类课程（24学分）四大类课程构成，学分总计162学分。课程设置如表9.5所示。

表9.5 西安交通大学智能制造工程专业的课程设置

课程类型		课程名称		学分数	必修/选修
通识教育课程（38学分）	思想政治教育课程	思想道德修养与法律基础		3	必修26学分
		中国近现代史纲要		2	
		毛泽东思想和中国特色社会主义理论体系概论		4	
		习近平新时代中国特色社会主义思想概论		2	
		马克思主义基本原理概论		3	
		形势与政策		2	
	军事理论课程	国防教育		2	
	大学英语课程	大学综合英语		4	
		国际交流演讲与辩论	三选一	2	
		英语学术写作与展示		2	
		托福强化		2	
	体育课程	体育-1		0.5	
		体育-2		0.5	
		体育-3		0.5	
		体育-4		0.5	
	素质教育通识课程	项目管理（必选）		2	选修12学分
		通识教育核心课程选修4学分、通识教育选修课程选修6学分		10	
大类平台课程（72学分）	数学和自然科学类课程（38学分）	高等数学Ⅰ-1		6.5	必修38学分
		高等数学Ⅰ-2		6.5	
		离散数学		4	
		线性代数与解析几何		4	
		复变函数与积分变换		3	
		概率统计与随机过程		4	
		大学物理Ⅱ-1		4	

续表

课程类型		课程名称	学分数	必修/选修
大类平台课程（72学分）	数学和自然科学类课程（38学分）	大学物理Ⅱ-2	4	必修38学分
		大学物理实验Ⅰ-1	1	
		大学物理实验Ⅰ-2	1	
	工程基础、专业基础课程（34学分）	理论力学	3.5	必修34学分
		基础力学实验	0.5	
		材料力学	3	
		热工基础	2.5	
		电工电子技术	6	
		电工电子技术实验	1	
		工程材料基础	2.5	
		工程图学	3	
		工程有限元与数值计算	2	
		工业互联网与云计算基础	3	
		大数据技术基础	2	
		人工智能基础	2	
		自动控制原理	3	
专业类课程（28学分）	专业核心课程（20学分）	智能制造导论	1	必修20学分
		机械设计基础	4	
		智能传感器与检测技术	3	
		智能制造工艺与装备	3	
		智能制造执行系统技术	3	
		智能运维与健康管理	3	
		智能成形技术	3	
	专业选修课程（8学分）	智能机器及其实施技术	2	选修8学分
		微纳制造技术	2	
		创新设计理论与方法	2	
		Python语言	2	
		增材制造技术	2	
		精密加工技术	2	
		柔性电子制造与应用	2	
		信息处理技术	2	
		智能仪器技术	2	

续表

课程类型		课程名称	学分数	必修/选修
专业类课程（28学分）	专业选修课程（8学分）	机器学习技术	2	选修8学分
		机器人技术及应用	2	
		数据库应用技术	2	
		数字图像处理	2	
		网络化制造	2	
		智能材料与结构	2	
		智能工厂集成系统	2	
		智能生产计划管理（MES/ERP）	2	
		精密加工与纳米技术	2	
		现代光电检测技术	2	
		现代通信技术	2	
		微纳传感器MEMS	2	
		物联网基础	2	
		数字信号处理	2	
		绿色制造技术	2	
		数字化制造企业管理	2	
集中实践环节（24学分）		军训	2	必修22学分
		金工实习Ⅲ-1	1	
		金工实习Ⅲ-2	1	
		测控实习	1	
		现代加工	1	
		专业实习Ⅰ	1	
		专业实习Ⅱ	3	
		毕业设计（论文）	10	
		CDIO项目实践	2	
	CDIO课程设计（五选一）	CAD/CAE/CAM/NC	2	选修2学分
		智能产品设计与开发	2	
		智能制造工艺规划与FMS	2	
		设备运维与故障诊断	2	
		智能控制综合项目	2	
学分总计			162	

9.6.4　师资与教学条件

1. 师资情况

由卢秉恒院士和蒋庄德院士担任专业建设顾问，师资队伍的构成是以机械工程学科教师为主，涵盖了计算机科学与技术、自动化、信息技术、管理科学与技术等相关学科的优秀教师。任课教师中拥有副高以上职称和博士学位者66人，其中教授（博士生导师）56人。专业课程负责人均由业务水平精深、锐意教学改革、责任心强的中青年骨干教师担任；任课教师长期在智能制造及相关领域从事科学研究与技术攻关，承担了一大批国家及省部级与智能制造相关的科研项目，长期为本科生、研究生教授相关课程，积累了丰富的智能制造领域的科研和教学经验，为本专业的教学提供了优质师资保障。

2. 特色教学条件

本专业依托机械基础、机械工程专业等两个国家级教学示范中心及机械制造系统工程国家重点实验室等10余个国家与省部级科研平台，在教育部改善办学条件经费与学科建设经费支持下，建成西安交通大学智能制造创新中心。中心下设人工智能研究院、未来技术学院、创新创业学院，总占地面积为4000余平方米，由首台套"工业4.0"大学版平台、智能产线区、数字孪生加工/装配区、3D打印区、创新创意区（机械、电子）、创新成果展示区等构成，形成集产品设计、制造、测控、运维、管理与服务于一体的智能制造实践平台，为本专业一院三区学生开展智能制造的创新实验和实践奠定了坚实基础。

9.7　华中科技大学智能制造工程培养方向

9.7.1　培养目标

面向国家重大需求和国际学术前沿，坚持特色工程教育，贯彻"厚基础、宽口径、重实践、求创新"的人才培养理念，培养具备高尚品格、广博学识、创新精神、健康体魄、全球视野与持久竞争力，德智体美劳全面发展，在机械工程等领域引领未来发展的智能制造领军人才。

9.7.2　学制学位要求

学制4年，总学分160.75学分。完成专业培养方案规定的学分，且符合学位授予规定的，授予工学学士学位并颁发学位证书。

本培养方向涵盖的主干学科为力学与机械工程学科，从构建学生创新思维、创新意识、创新能力、创新有效性四个维度，以重素质教育、强学科基础、跨专业知识、新教学方法为特色，上接学科前沿、下接产业需求，并根据每个学生情况进行调整的一生一方案的个性化智能制造专业人才培养模式。

9.7.3 课程体系

本培养方向课程由素质教育通识课程（41学分，学分占比25.5%）、学科基础课程（58.25学分，学分占比36.2%）、专业核心课程（16.5学分，学分占比10.3%）、专业选修课程（30学分，学分占比18.7%）、集中性实践教学环节（15学分，学分占比9.3%）五大类课程组成，学分总计160.75学分。核心课程有理论力学、材料力学、流体力学、热工基础、电路理论、机械设计理论与方法、智能控制与检测、智能制造装备与工艺等；创新创业课程有学科（专业）概论、机械系统创新设计、机电创新决策与设计方法、机械设计创新训练等。课程设置如表9.6所示。

表9.6 华中科技大学智能制造工程培养方向的课程设置

课程类别	课程名称	学分数	课程类型
素质教育通识课程（41学分）	思想道德修养与法律基础	2.5	必修
	中国近现代史纲要	2.5	
	马克思主义基本原理概论	2.5	
	毛泽东思想和中国特色社会主义理论体系概论	4.5	
	形势与政策	2	
	中国语文	2	
	综合英语（一）	3.5	
	综合英语（二）	3.5	
	大学体育（一）	1	
	大学体育（二）	1	
	大学体育（三）	1	
	大学体育（四）	1	
	军事理论	1	
	计算机与程序设计基础	3	
	从不同的课程模块中修读若干课程,艺术类课程不低于2学分,总学分不低于10学分（经济管理类课程不低于2学分）	10	选修

续表

课程类别	课程名称	学分数	课程类型
学科基础课程（58.25学分）	微积分（一）上	5.5	必修
	微积分（一）下	5.5	
	线性代数	2.5	
	数理统计与概率论	2.5	
	复变函数与积分变换	2.5	
	大学物理（一）	4	
	大学物理（二）	4	
	物理实验（一）	1	
	物理实验（二）	0.75	
	工程化学	2	
	理论力学（二）	3.5	
	材料力学（二）	3.5	
	工程力学实验	0.5	
	电路理论	2.5	
	工程材料学	2	
	机械设计理论与方法（一）上	2.5	
	机械设计理论与方法（一）下	2	
	智能制造装备与工艺（一）	2.5	
	智能控制与检测（一）	4	
	流体力学（一）	2	
	热工基础	3	
专业核心课程（16.5学分）	机械设计理论与方法（二）	5.5	必修
	智能制造装备与工艺（二）	5.5	
	智能控制与检测（二）	5.5	
专业选修课程（限选）（22学分）	计算方法（二）	2	选修
	学科（专业）概论	1	
	机械设计理论与方法（三）	3	
	智能制造装备与工艺（三）	3	
	智能控制与检测（三）	3	
	数控技术	3	
	机械系统动力学	2	

续表

课程类别	课程名称	学分数	课程类型
专业选修课程（限选）（22学分）	计算机网络技术及应用	2	二选一
	数据库技术及应用	2	
	液压与气压传动	3	二选一
	机器人学	3	
专业选修课（任选）（8学分）	机械系统创新设计	2	选修
	机电创新决策与设计方法	2	
	汽车构造	1.5	
	汽车电子技术	1.5	
	汽车总体设计	1.5	
	汽车动力学基础	1.5	
	机械振动学	1.5	
	有限元分析与应用	1.5	
	电液控制工程	1.5	
	液压元件与系统	1.5	
	气动控制技术	1.5	
	汽车机电液控制技术	1.5	
	机器视觉及应用	1.5	二选一
	机器视觉自动检测技术	1.5	
	电子气动技术	1.5	选修
	无损检测	1.5	
	现代实验方法与数据处理	1.5	
	质量工程	1.5	
	高速数字图像处理及应用	1.5	
	误差理论与数据处理	1.5	
	仪器智能技术	1.5	
	智能测控系统	1.5	
	柔性电子制造技术基础	1.5	
	计算机辅助制造技术	1.5	
	Python程序设计	1.5	
	实时控制软件技术	1.5	
	智能服务	1.5	

课程类别	课程名称	学分数	课程类型
专业选修课 （任选） （8学分）	知识工程与应用	1.5	选修
	增材制造技术	1.5	
	数字孪生与边缘计算技术	1.5	
	人工智能与深度学习	1.5	
	工业物联网及应用	1.5	
实践环节 （15学分）	军事训练	0.5	必修
	公益劳动	0.5	
	机械设计创新训练	2	
	工程训练（一）	2	
	生产实习	1.5	
	专业社会实践	1	
	专业工程训练（智能制造方向）	1.5	
	毕业设计（论文）	6	
学分总计		160.75	

9.7.4　支撑体系

专业依托华中科技大学工程实践创新中心（后简称"中心"）开展教学与工程实践。中心以智能制造为引领，应用国产智能装备、国产数控系统、国产工业软件，实现工程实践条件平台化、工程训练模块单元化、工程教学方案个性化，"华中大科研""华中大制造"服务"华中大本科实践教学"。中心注重以"生均耗材经费投入"保障工程实践教学效果，追求工程实践"大学四年不断线"持续激发创新思维，引导青年大学生动手"做好一件产品"，探索"做好一批产品"，塑造工程观、质量观、系统观。中心建有智能制造工程训练实践教学平台，包括智能制造综合实践区、工业机器人区实践区、高档数控机床区、中央控制区（大数据中心）四个区域，为智能制造工程培养方向的学生开展智能制造实验实践提供很好的平台支撑。

9.8　浙江大学智能制造工程培养方向

9.8.1　专业简介与培养目标

智能制造涵盖了产品、制造、服务全生命周期中所涉及的理论、方法、技术和应用。浙江大学机械工程学院于2019年将原机械工程、机械电子工程、工业工程等专业优化整合成新的机械工程专业，分设设计制造工程、机电控制工程、智能制造工程三个培养方向。机械工程专业（智能制造工程培养方向）根据智能制造科学与技术的特点，将智能制造知识点分别融入机械工程专业的不同课程，同时新开设了相关课程，形成了"融合智造、模块培养、体系重构"的基本特点。

培养目标：本培养方向面向国家重大需求和国际化需要，培养具有良好的道德修养、遵守法律法规、具有强烈的社会和环境意识、德智体美劳全面发展的高素质创新人才；具有扎实的数理基础，掌握机械、电子、控制、计算机、人工智能、经济管理等多元结构的基础理论及专业知识；具备机械工程专业实践和综合应用能力；能够胜任机械工程及相关领域的科学研究、复杂产品与装备的设计与制造、生产组织和管理等工作；具有自主学习和终身学习能力，具有宽广的国际视野和全球竞争力；具有良好的团队协作意识和领导能力。

9.8.2 学制学位要求

推荐学制4年，达到培养方案规定最低毕业学分174.5+6（跨专业模块3学分+国际化模块3学分）+8（第二课堂4学分+第三课堂2学分+第四课堂2学分），且符合学位授予规定的，授予工学学士学位并颁发学位证书。

9.8.3 课程体系

本培养方向的课程主要由通识课程（81学分）、专业基础课程（24.5学分）、专业课程（69学分）三类课程构成，共计174.5学分。课程设置如表9.7所示。

表9.7　浙江大学智能制造工程培养方向的课程设置

课程类型		课程名称	学分数	必修/选修
通识课程（81学分）	思政类（19.5学分）	形势与政策Ⅰ	1	必修
		中国近现代史纲要	3	
		思想道德与法治	3	
		马克思主义基本原理	3	
		毛泽东思想和中国特色社会主义理论体系概论	5	
		习近平新时代中国特色社会主义思想概论	2	
		形势与政策Ⅱ	1	
		中国改革开放史	1.5	选修（1.5学分）
		新中国史	1.5	

续表

课程类型		课程名称	学分数	必修/选修
通识课程 （81学分）	思政类 （19.5学分）	中国共产党历史	1.5	选修 （1.5学分）
		社会主义发展史	1.5	
	军体类 （10.5学分）	军训	2	必修
		体育 I	1	
		体育 II	1	
		军事理论	2	
		体育 III	1	
		体育 IV	1	
		体育 V	1	
		体育 VI	1	
		体育 VII——体测与锻炼	0.5	
	美育类 （1学分）	认定型学分	1	必修
	劳育类 （1学分）	认定型学分	1	必修
	外语类 （7学分）	英语水平测试	1	必修
		大学英语 III	3	
		大学英语 IV	3	
	计算机类 （5学分）	C程序设计基础	3	必修
		程序设计专题	2	
	自然科学 通识类 （25学分）	微积分（甲）I	5	必修
		线性代数（甲）	3.5	
		工程化学	2	
		大学物理（甲）I	4	
		微积分（甲）II	5	
		大学物理（甲）II	4	
		大学物理实验	1.5	
	创新创业类 （1.5学分）	创业基础	2	选修 （1.5学分）
		创业启程	2	
		大学生KAB创业基础	1.5	
		职业生涯规划A	1.5	

续表

课程类型		课程名称	学分数	必修/选修
通识课程 （81学分）	创新创业类 （1.5学分）	职业生涯规划B	1.5	选修 （1.5学分）
		职业生涯规划	1.5	
		创业基础	1.5	
	通识选修课程 （10.5学分）	通识选修课程下设"中华传统""世界文明""当代社会""文艺审美""科技创新""生命探索"及"博雅技艺"等6+1类。每一类均包含通识核心课程和普通通识选修课程。		
专业基础课程 （24.5学分）		工程图学	2.5	必修
		机械制图及CAD基础	1.5	
		工程训练	1.5	
		工程材料	2	
		概率论与数理统计	2.5	
		理论力学（甲）	4	
		电工电子学	4.5	
		电工电子学实验	1.5	
		材料力学（乙）	4	
		材料力学实验	0.5	
专业课程 （69学分）	专业必修课程 （25学分）	设计与制造Ⅰ	2	必修
		互换性与技术测量	1.5	
		设计与制造Ⅱ	3	
		机械工程发展现状与趋势	1	
		工程数值方法	2	
		工程流体力学和热工基础	2.5	
		控制工程基础	2.5	
		机械工程测试技术	2	
		设计与制造Ⅲ	3	
		液压传动及控制Ⅰ	2	
		机械系统动力学	1.5	
		智能制造系统导论	2	
	智能制造模块课程 （9学分）	智能制造系统决策与优化	3	必修
		质量管理与控制	2	
		智能物流与物联网	2	
		智能制造系统建模与仿真	2	

续表

课程类型		课程名称	学分数	必修/选修
专业课程 （69学分）	专业选修 课程 （15学分）	机器人技术	2	选修 （15学分）
		人工智能及其工程应用	2	
		工业大数据技术与应用	2	
		工业软件开发技术	2	
		人机工程学与创新设计	2.5	
		机器视觉	2.5	
		数字图像处理	3	
		管理学	2	
		增材制造	2	
		知识管理	2	
		工程经济学	2	
		智能工厂设计	2	
	实践教学 环节 （12学分）	智能制造前沿认识实习	0.5	必修
		机械原理课程设计	1	
		工程拓展训练	2.5	
		机械工程基础实验	1	
		测控技术实验	1	
		生产实习	2	
		机械设计课程设计（甲）	2	
		智能制造综合实践	2	
	毕业论文/ 设计 （8学分）	毕业设计与论文	8	必修
学分合计		174.5		
跨专业模块（+3学分）				
国际化模块（+3学分）				
第二课堂（+4学分）				
第三课堂（+2学分）				
第四课堂（+2学分）				

9.8.4 支撑体系

浙江大学机械工程专业已经形成一支学历层次高，年龄、职称、学缘结构合理的师资队伍，现有专职教师103人，其中教授59人，占教师总数57.3%，副教授（高工）35人，占教师总数34%。其中，中国工程院院士2人，国务院政府特殊津贴获得者9人，万人计划教学名师1人，"四青"人才18人。还拥有一支热爱教学、勇于创新、专兼职结合的年轻的实验教学队伍。

浙江大学机械工程专业（智能制造工程培养方向）拥有丰富的教学资源，建有2个国家重点实验室、1个国家工程技术中心、3个省部级重点实验室、4个国家级教学与实践基地。专业实验室面积约2 200 m²，教学设备1 100余台套，总值约2 700万元，能充分满足专业实验教学要求。与企业合作共建了多个校外合作实习基地，如杭州海康威视数字技术股份有限公司、东风汽车集团有限公司、山东临工工程机械有限公司、杭州汽轮机股份有限公司、杭州新松机器人自动化有限公司、杭州申昊科技股份有限公司等，为学生提供参与工程实践的平台，实现产学研合作育人。

9.9 天津大学智能制造工程专业培养方案

9.9.1 培养目标

天津大学致力于"造就具有家国情怀、全球视野、创新精神和实践能力的卓越人才"。本专业根据天津大学人才培养目标，面向未来科技、产业和社会发展，针对智能机器与智能制造领域，培养具有国际竞争力的科技创新创业和工程领衔领军人才。培养学生掌握扎实的数学、自然科学和工程科学领域中的基础理论、专业知识及人文素养；具备运用新方法、新工具、新材料、新工艺服务于智能产品的设计、制造及运维过程，满足社会新需求。

9.9.2 学制学位要求

智能制造工程专业面向新型智能产品的研发与服务，面向数字化网络化智能制造企业的设计、生产与管理，采用将创新产品设计、先进制造技术、计算与人工智能、模式识别与智能感知、数据信息与自动控制等跨多学科领域深度融合的人才培养方式。

学制4年，总学分182学分。完成专业培养方案规定的学分，且符合《天津大学章程》《天津大学学生管理规定》和《天津大学本科毕业生学士学位授予工作实施细则》规定的，授予工学学士学位并颁发学位证书。

9.9.3　课程体系

专业秉承一体化整体设计培养目标、培养标准、培养方案和培养模式的理念。围绕课程项目、课程组（群）项目、多学科团队项目、本科研究项目和毕业团队项目，构建自然科学基础课程元、工科大类工程科学课程元、平台多学科交叉核心课程元和智能制造领域先进工程科学技术课程元，保证课程元内部和课程元之间整体衔接、密切配合。鼓励学生自主实践和主动学习，全方位培养学生的设计工程、工程建造和创新创造能力，以保证培养目标的全面实现。

本专业的课程分为七大类：通识教育课程、数学与自然科学类课程、学科基础课程、专业核心课程、专业选修课程、双语课程、集中实践课程等。

天津大学智能制造工程专业课程体系如图9.1所示，课程设置如表9.8所示。

表9.8　天津大学智能制造工程专业的课程设置

课程类型	课程名称	学分数	必修/选修
通识教育课程 （42学分）	思想道德修养与法律基础	3	必修
	中国近现代史纲要	3	
	马克思主义基本原理	3	
	毛泽东思想和中国特色社会主义理论体系概论	5	
	形势与政策	2	
	大学英语	8	
	法制安全教育	0.5	
	大学生心理健康	2	
	诚信教育	1	
	应用写作技能与规范（翻转）	2	
	择业指导	2	
	体育	4	
	军事理论1	2	
	集中军事训练	2	
	健康教育	0.5	
	科学技术与社会	2	
数学与自然 科学类课程 （43.5学分）	大学化学1	2	必修
	工科数学分析A	6	
	工科数学分析B	6	
	线性代数及其应用	3.5	
	物理基础 A	4	

续表

课程类型	课程名称	学分数	必修/选修
数学与自然科学类课程（43.5学分）	离散数学	4	必修
	程序设计原理	4	
	高等代数A	4	
	复变函数	2	
	概率论与数理统计1	3	
	物理实验A	1	
	物理实验B	1	
	物理基础C	3	
学科基础课程（46.5学分）	设计与建造	3	必修
	思维与创新	2	
	工程力学	3	
	电路理论与信号处理	4	
	人工智能基础	2	
	工程光学	3	
	数字器件与数字系统	4	
	电子测量	3	
	自动控制理论	4	
	数字系统设计	2	
	工程流体力学	2	
	工程热力学	2	
	互换性与精度设计	1.5	
	智能传感器与测试技术	3	
	数据科学与大数据分析	2	
	智能诊断与决策技术	2	
	物联网与信息物理系统	2	
	智能制造信息管理	2	
专业核心课程（21学分）	设计与建造Ⅱ	5	必修
	设计与建造Ⅲ	3	
	制造工程与技术	4	
	现代设计方法与工具	3	
	机器人与智能无人系统	3	
	智能制造装备与系统	3	

续表

课程类型	课程名称	学分数	必修/选修
专业选修课程 （二十一选四） （8学分）	机器学习	2	选修
	复杂系统及其建模	2	
	数据库应用技术	2	
	自然语言处理	2	
	数字图像处理	2	
	知识图谱	2	
	计算机视觉	2	
	现代力学测试技术	2	
	模式识别基础	2	
	视觉检测及其应用	2	
	虚拟现实与增强现实	2	
	人因工程	2	
	先进制造方式与生产管理	2	
	能源管理与规范	2	
	智能物流系统	2	
	精密加工与纳米技术	2	
	数控加工技术	2	
	机械动力学	2	
	先进制造方法	2	
	塑性力学基础	2	
	机器人共融协作技术	2	
双语课程（四 选一） （2学分）	Advanced Manufacturing Technology（英）	2	选修
	Control of Mechatronic Systems（英）	1.5	
	Introduction to Mechatronics（英）	2	
	Tension and Deployable Structures（全英文）	2	
集中实践课程 （19学分）	机械工程训练2	2	必修
	生产实习	2	
	创新设计1	1	
	创新创业实践计划（创业实践、学科竞赛、科研实践三选一）	2	
	设计与建造Ⅳ（毕业设计）	12	

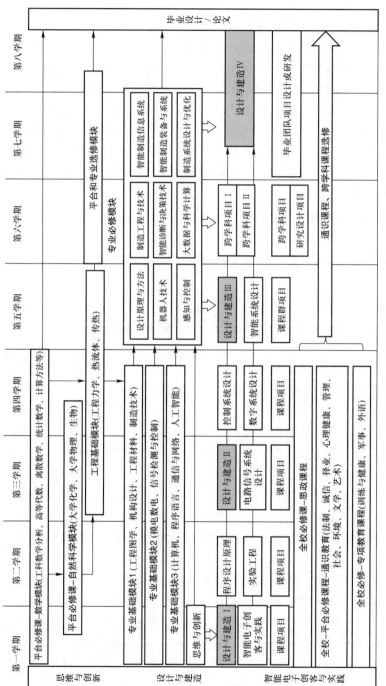

图9.1 天津大学智能制造工程专业课程体系

9.9.4　支撑体系

在教育部改善办学条件经费与学科建设经费的支持下，天津大学机械工程学院面向新工科建设"天大方案"2.0和智能制造工程多学科交叉与融合的人才培养方案，建设项目制教学及多学科融合的创新实践及实验教学环境，投入 2 500 多万元建成智能制造创新实践教学平台——天津大学智能制造中心。中心建设面积约 1 200 m²，已建成 VR 与虚拟仿真区、工业机器人试验区、多机器协同区、智能设计区、智能制造加工中心区、数字孪生平台，以及创意工坊和电控 DIY 区等多个创新实践分区，拥有智能加工中心、机器人控制平台、AGV 平台、数字孪生平台、ICIDO 设计决策平台、3D 打印机群等，形成了集设计、制造、测控、车间智能管理、物流于一体的智能产品设计制造集成平台，可同时支持约 150 名学生开展智能制造工程专业课程实验及竞赛的创新实践活动。

依托天津大学智能制造中心，有效吸引汇聚整合社会资源共建教学环境，先后联合长城汽车，潍柴控股集团有限公司、广西玉柴机器集团有限公司等大型企业共建智能制造工程教育实践基地，为本专业学生开展以项目驱动的实习实践提供了良好支撑。

9.10　东北大学智能制造工程专业培养方案

9.10.1　专业简介与培养目标

专业简介：东北大学智能制造工程专业于 2020 年获批成立，专业隶属于机械工程学科。本专业教学力量雄厚，实验设备先进，教学理念创新。以课程建设为切入点，以教学质量为生命线，以专业建设为依托，以科研为支撑，以科研促教学，突出办学特色为"厚基础、精专业、强能力、重实践、高素质"的培养模式。本专业建设践行智能制造工程的行动纲领，在精密装备、工程装备、数控装备、航空航天、电子装备、汽车制造、轨道客车和能源装备等领域形成专业技术人才培养的优势与行业特色。

培养目标：面向国家先进制造业的科技发展趋势，培养适应国际科技前沿和国家战略发展需求，符合社会和行业发展需要，具有远大抱负和国际视野，具有坚实的自然科学、人文社会科学和工程技术基础，具有较强的工程实践和研究能力，具有较强的计算机应用能力和外语应用能力，掌握坚实的智能制造基础理论和专业知识，具有良好的科学、工程和人文素养，具备研究、应用、工程实践和团队协作能力，富于创新创业意识，能在智能制造领域及科技开发、应用研究、运行管理等方面工作的高素质复合型骨干及领军人才。

9.10.2 学制学位要求

本专业学制4年，学生应完成学校培养计划规定的课程和实践环节，总学分至少达到168.25学分，其中实践类环节（包含实践教学环节、理论教学环节中必修课的实验、上机、设计）46.5学分。各门课程成绩达到合格，毕业设计（论文）获得通过，同时达到学校对本科毕业生提出的德、智、体、美等诸方面的要求后方可毕业。

9.10.3 课程体系

本专业课程由通识类课程（77.5学分）、学科基础类课程（39.75学分）、专业方向类课程（16.5学分）、实践类课程（34.5学分）四大类课程组成，共计学分不低于168.25学分。课程设置如表9.9所示。

表9.9 东北大学智能制造工程专业的课程设置

课程类别		课程名称	学分数	必修/选修	占总学分比例/%
通识类	数学与自然科学类	高等数学①（一）	5	必修	16.34
		大学化学	3	必修	
		高等数学①（二）	5	必修	
		线性代数	3	必修	
		大学物理（一）	4	必修	
		概率论与数理统计	3.5	必修	
		大学物理（二）	4	必修	
		以上所列课程共计27.5学分，至少达到27.5学分（其中必修27.5学分）			
	人文社会科学类	大学英语（一）	3.5	必修	21.40
		体育（一）	0.75	必修	
		大学生心理与健康教育（一）	1	必修	
		军事理论	2	选修	
		入学教育	1	必修	
		大学生心理与健康教育（二）	1	必修	
		思想道德修养与法律基础	2.5	必修	
		大学英语（二）	3	必修	
		体育（二）	0.75	必修	
		中国近现代史纲要	2.5	必修	

续表

课程类别		课程名称	学分数	必修/选修	占总学分比例/%
通识类	人文社会科学类	形势与政策（一）	0.5	必修	21.40
		创业基础	2	必修	
		文献检索	1	选修	
		大学英语（三）	3.5	必修	
		体育（三）	0.75	必修	
		马克思主义基本原理概论	2.5	必修	
		体育（四）	0.75	必修	
		思想政治理论实践课	2	必修	
		形势与政策（二）	0.5	必修	
		毛泽东思想和中国特色社会主义理论体系概论	4.5	必修	
		毕业生就业指导	1	选修	
		形势与政策（三）	0.5	必修	
		形势与政策（四）	0.5	必修	
		以上所列课程共计 38 学分,至少达到 36 学分（其中必修 34 学分）			
	通识选修类	人文素养类	6	必修	8.32
		人生哲学方法论	1	选修	
		企业专题讲座	1	选修	
		工程经济学	2	选修	
		创造性思维与技能	2	选修	
		有限元法及计算机辅助工程	2	选修	
		机械系统设计	2	选修	
		科技论文撰写方法	1.5	选修	
		环境概论	1.5	选修	
		工程伦理	1	选修	
		以上所列课程共计 20 学分,至少达到 14 学分（其中必修 6 学分）			
		以上所列课程共计 85.5 学分,至少达到 77.5 学分（其中必修 67.5 学分）			
学科基础类		画法几何及机械制图（一）	3.75	必修	23.63
		画法几何及机械制图（二）	2.25	必修	
		C语言程序设计（理工类）	3	必修	
		工程概论和职业发展规划	1	必修	

续表

课程类别	课程名称	学分数	必修/选修	占总学分比例/%
学科基础类	电路与电子	2.5	必修	23.63
	工程力学	4.5	必修	
	机械工程控制基础	2.5	必修	
	机械设计基础	3.25	必修	
	计算机软件技术基础	2.5	必修	
	液压气动技术基础	2	必修	
	人工智能及其应用	2.5	必修	
	工业机器人系统设计与分析	2	必修	
	机械制造基础	3.5	必修	
	微机原理与嵌入式系统	2.5	必修	
	工程系统建模与仿真基础	2	必修	
	以上所列课程共计 39.75 学分,至少达到 39.75 学分（其中必修 39.75 学分）			
专业方向类	数字信号处理与传感器	2	必修	9.81
	计算机网络	2.5	必修	
	机器学习基础	2	必修	
	智能机器人控制与规划技术	2	必修	
	JAVA程序设计	3	选修	
	C++程序设计	3	选修	
	电液伺服与比例控制	2	选修	
	数控机床及其智能化	2	选修	
	智能增材制造及控制	2	选修	
	智能测试技术与虚拟仪器	2	选修	
	全打印电子学	2	选修	
	微纳制造与微纳传感技术	2	选修	
	工业大数据技术与应用（双语）	2	选修	
	机器人自动化生产线	2	选修	
	计算机控制系统（双语）	2	选修	
	图像处理与机器视觉	2	选修	
	电气控制与PLC应用	2	选修	
	设备信息系统与健康管理	2	选修	

续表

课程类别	课程名称	学分数	必修/选修	占总学分比例/%
专业方向类	机电液系统建模与仿真	2	选修	9.81
	物流系统自动化	2	选修	
	智能制造与绿色设计	2	选修	
	计算机辅助设计	1.5	选修	
	先进制造技术及应用	1.75	选修	
	微机电系统基础（双语）	2	选修	
	现代控制理论与工程	2	选修	
	大数据算法	2	选修	
以上所列课程共计 53.75 学分，至少达到 16.5 学分（其中必修 8.5 学分）				
实践类	军训	2	必修	20.50
	机械制图课程设计	0.75	必修	
	电路与电子实验	0.5	必修	
	大学物理实验（一）	1	必修	
	数字信号处理与传感器实验	0.25	必修	
	机械工程控制基础实验	0.5	必修	
	机械设计基础课程设计	1	必修	
	大学物理实验（二）	0.75	必修	
	工程训练（机类）	3	必修	
	液压气动技术基础实验	0.25	必修	
	人工智能及其应用实验	0.5	必修	
	工业机器人系统设计与分析论实验	0.5	必修	
	机械制造基础实验	0.5	必修	
	微机原理与嵌入式系统实验	0.5	必修	
	智能制造工程综合设计	1.25	必修	
	工程系统建模与仿真基础实验	0.5	必修	
	机器学习基础实验	0.25	必修	
	智能机器人控制与规划技术实验	0.5	必修	
	生产实习	4	必修	
	毕业设计	16	必修	
以上所列课程共计 34.5 学分，至少达到 34.5 学分（其中必修 34.5 学分）				

9.11 上海应用技术大学智能制造工程专业培养方案

9.11.1 培养目标

培养德智体美劳全面发展，具有社会主义核心价值观，掌握智能制造工程的基础理论和专业知识，具备工程实践能力和国际视野，在机械制造、航空航天、汽车制造等领域，能够独立从事智能装备和智能产品的应用开发、智能制造系统的设计实施与运维管理的高素质应用创新型人才。

9.11.2 学制学位要求

学制：4年；学分：165学分；学位：工学学士。

9.11.3 课程体系

1. 核心课程

工程制图、工程力学、机械制造基础、机械设计基础、高级语言程序设计与数据库应用、智能传感器与控制、工业互联网与工业大数据、智能产线设计及仿真技术、智能生产计划管理（MES/ERP）。

2. 主要实践教学环节

工业物联网与微服务应用开发实践、生产系统网络与通信项目设计、智能产品项目设计、数字化设计与制造综合实训、毕业设计、智能产线运维实践、智能制造系统综合设计。

3. 主要专业实验

力学实验、电工电子实验、机械原理实验、液压与气动实验、测试技术实验、智能产线调试与运维实验、生产系统网络与通信实验、智能产品设计和调试实验、工业物联网和数据采集实验。

本专业课程由通识教育课程（8学分）、公共基础课程（54.5学分）、学科大类基础课程（8学分）、专业必修课程（50.5学分）、专业选修课程（6学分）、实践环节课程（38学分）等6大类组成，共计学分165学分。课程设置如表9.10所示。

表9.10　上海应用技术大学智能制造工程专业的课程设置

课程类别	课程名称	学分数	必修/选修
通识教育课程 （必修8学分）	人文精神与明德修养类	8	必修 （3选1）
	科学精神与技术创新类	8	
	企业文化与职业素养类	8	
公共基础课程 （必修54.5学分）	心理健康促进	0.5	必修
	创新创业实务	0.5	必修
	形势与政策	2	必修
	高等数学（工）	10	必修
	程序设计基础（Python）	2	必修
	信息与智能技术基础	2	必修
	大学物理	6	必修
	大学物理实验	1.5	必修
	大学生体育测试	1	必修
	马克思主义基本原理概论	3	必修
	毛泽东思想和中国特色社会主义理论体系概论	5	必修
	思想道德修养与法律基础	3	必修
	中国近现代史纲要	3	必修
	大学生职业生涯发展与规划	1	必修
	大学生就业与创业指导	1	必修
	大学英语	10	必修
	体育	3	必修
学科大类基础课程 （必修8学分）	工程化学	2	必修
	线性代数A	2	必修
	概率论与数理统计	2	必修
	计算方法	2	必修
专业必修课程 （必修50.5学分）	机械工程导论	1	必修
	智能装备控制技术	3	必修
	工业人工智能	2	必修
	工程制图	3	选修
	工程制图与CAD	3	必修
	工程力学	4	必修
	工程材料与机械制造基础	3	必修

续表

课程类别	课程名称	学分数	必修/选修
专业必修课程（必修50.5学分）	机械设计基础	4	必修
	热工基础与流体力学	2	必修
	智能制造设备	2.5	必修
	智能传感器与控制	3	必修
	电工学	2	必修
	生产系统网络与通信	2	必修
	液压与气压传动	2	必修
	机器人学	2	必修
	计算机文献检索及专业外语	2	必修
	智能生产线设计及仿真技术	3	必修
	智能生产计划管理（MES/ERP）	3	必修
	智能产线运维与管理	2	必修
	工业互联网与工业大数据	2	必修
专业选修课程（选修6学分）	智能装备故障诊断与维修	2	选修
	智能制造信息系统	2	选修
	智能物联制造系统与决策	2	选修
	分布式控制系统	2	选修
	机器视觉技术	2	选修
	3D打印技术	2	选修
	逆向工程	2	选修
	精益生产	1	选修
	先进材料成形技术	2	选修
	AR/VR及应用	2	选修
	工业智能云服务	2	选修
	供应链管理	2	选修
	有限元分析及应用	2	选修
实践环节课程（必修38学分）	金工实训	5	必修
	电子电工实训	1	必修
	机械设计基础课程设计	2	必修
	工业物联网与微服务应用开发实践	2	必修
	生产系统网络与通信项目设计	2	必修

续表

课程类别	课程名称	学分数	必修/选修
实践环节课程 （必修38学分）	智能产品项目设计	2	必修
	数字化设计与制造综合实训	3	必修
	生产实习	2	必修
	智能产线运维实践	1	必修
	智能制造系统综合设计	3	必修
	专业综合实践	3	必修
	毕业设计（论文）	12	必修
总学分	165		

9.12 西安工业大学智能制造工程专业培养方案

9.12.1 培养目标

本专业顺应国际制造业智能化潮流，瞄准生产制造智能化、信息化前沿，面向国防工业和区域经济发展需求，培养具有良好道德素养、强烈社会责任感及坚实智能制造专业知识，德智体美劳全面发展，能够在智能制造相关领域从事智能赋能技术、智能产线与装备开发、智能产线与装备应用、智能生产管控、智能系统运维等工作的应用型高级专门人才。

9.12.2 学制学位要求

学制4年。在修业年限内修完本专业规定课程，获得的总学分不低于160学分、第二课堂学分不低于7学分，且通过《国家学生体质健康标准》的合格测试、通过《Python语言程序设计》课程考核，方可准予毕业。达到毕业要求，且符合《西安工业大学学士学位授予工作细则》，授予工学学士学位。

9.12.3 课程体系

本专业课程由通识教育课程（44.5学分，学分占比27.81%）、学科基础课程（30学分，学分占比18.75%）、专业教育课程（37.75学分，学分占比23.60%）、实践教育课程（33.25学分，学分占比20.78%）、个性化发展课程（14.5学分，学分占比9.06%）五大类组成。课程设置如表9.11所示。

表9.11　西安工业大学智能制造工程专业的课程设置

课程分类		课程名称	学分数	必修/选修	备注
通识教育 课程 （44.5学分）	通识必修 课程 （30学分）	思想道德与法治	3	必修	
		大学生职业生涯规划	0.5		
		计算思维与人工智能基础（工）	1		
		军事理论	2		
		大学英语Ⅰ	4		
		Python语言程序设计	0		
		大学英语Ⅱ	4		
		大学生心理健康教育	2		
		中国近现代史纲要	3		
		毛泽东思想和中国特色社会主义理论体系概论	5		
		马克思主义基本原理	3		
		大学生就业指导	0.5		
		形势与政策	2		
	通识限选 课程 （6学分）	体育Ⅰ	1	必修	以俱乐部制运行
		体育Ⅱ	1		
		体育Ⅲ	0.5		
		体育Ⅳ	0.5		
		体育Ⅴ	0.5		
		体育Ⅵ	0.5		
		大学英语拓展课	2	选修	二选一：大学英语Ⅲ：四级未通过必选；大学英语拓展课：四级通过在此模块选修2学分
		大学英语Ⅲ	2		
	通识选修 课程 （8.5学分）	通识选修——文化传承	0.5	选修	
		通识选修——"四史"学习教育	0.5		
		通识选修——国际视野	0.5		
		通识选修——社会责任	0.5		
		通识选修——美学修养	2		
		通识选修——健康生活	0.5		

续表

课程分类		课程名称	学分数	必修/选修	备注
通识教育课程（44.5学分）	通识选修课程（8.5学分）	通识选修——科技革新	0.5	选修	
		通识选修——创新创业	1.5		
		通识选修——国防军工	1		
		通识选修——劳动教育	1		
学科基础课程（30学分）		高等数学A I	5.5	必修	
		工程图学基础	2.5		
		高等数学A II	5.5		
		大学物理 I	3		
		线性代数	2.5		
		C++程序设计	1.5		
		概率与数理统计	3		
		大学物理 II	3		
		工科电路分析	3.5		
专业教育课程（37.75学分）		人工智能导论	1.25	必修	
		兵器导论	1		
		机械制图	3		
		电子技术基础	4.5		
		工程力学A	4		
		工程材料与机械制造基础（双语）	2.5		
		机械制造工程学	2		
		智能机器人及其虚拟仿真技术	2		
		控制工程基础	2.5		
		机械设计基础 II	3.5		
		智能制造工程学科前沿讲座	1		
		智能工厂建模与仿真	2		
		智能工厂规划与设计	2		
		智能生产计划管理（MES/ERP）	2		
		工业数据采集与控制网络	2		
		工程测试技术	2.5		

续表

课程分类		课程名称	学分数	必修/选修	备注
实践教育课程（33.25学分）	实践必修（12.5学分）	军训	2	必修	
		入学教育	0		
		大学物理实验Ⅰ	0.75		
		大学物理实验Ⅱ	0.75		
		毕业设计	9		
		毕业教育	0		
	实践限选（20.75学分）	CDIO创新项目实训Ⅰ	1	必修	项目制课程
		理科创新思维实训	0.5		劳动教育依托课程
		机械制图课程设计	1		课程设计
		电装实习B	1		
		工程训练——数控加工1	1.5		劳动教育依托课程
		工程训练——特种制造3	0.25		劳动教育依托课程
		CDIO创新项目实训Ⅱ	1		项目制课程
		智能制造创新创业实训——智能制造认知训练	0.5		劳动教育依托课程
		智能制造创新创业实训——零件增材制造与智能检测	0.25		劳动教育依托课程
		智能制造创新创业实训——智造创新工场MES认知与数据管理	0.25		劳动教育依托课程
		CDIO创新项目实训Ⅲ	1		项目制课程
		可编程控制技术及应用实验	0.75		独立设课实验
		机械设计基础课程设计	2		课程设计
		CDIO创新项目实训Ⅳ	1		项目制课程
		嵌入式系统设计实验	0.75		独立设课实验
		智能制造工程生产实习	3		生产实习
		智能工厂建模与仿真课程	1		课程设计
		MES在线虚拟仿真实训	1		
		CDIO创新项目实践	3		项目制课程

续表

课程分类		课程名称	学分数	必修/选修	备注
个性化发展课程（14.5学分）	专业选修课（12学分）	设备故障诊断	2	选修	智能制造装备模块四选二
		智能运维与健康管理	2		
		机器人技术与数控机床	2		
		工业机器人应用与编程B	2		
		智能产品设计	2		设计模块四选二
		现代设计方法	2		
		机电系统设计	2.5		
		智能产线装备设计	2.5		
		嵌入式物联网技术	2		测控模块四选二
		测控系统设计	1.5		
		智能物流	2		
		计算机辅助测量技术	1.5		
	自选课程		2.5	选修	建议修读人工智能、生产制造类、工程管理类课程共2.5个学分以上
学分总计			160		

9.13　常熟理工学院智能制造工程专业培养方案

9.13.1　培养目标

本专业旨在培养适应区域经济和社会发展的需求，掌握数学、自然科学以及智能制造工程的基础知识和专业知识，具有工程实践能力和创新意识，人文素养和职业素养，能在智能制造工程领域从事智能装备及产品的设计与制造、检测与控制，智能装备的运用和维护、智能系统集成、信息管理和生产管理等工作的高级应用型技术人才。

9.13.2　学制学位要求

本专业的基本学制4年，修业年限4~6年，授予学位为工学学士。

毕业标准：具备良好的思想和身体素质，符合学校规定的德育和体育标准；完成培养计划中规定全部教学环节，总学分达到165学分；完成劳动素养与素质拓展最低学分要求（5学分）；毕业设计（论文）成绩达到及格或及格以上。

9.13.3 课程体系

本专业涵盖的主干学科包括机械工程、控制科学与工程、计算机科学与技术。涉及的核心课程主要有机械制图A（1）、工程力学、机械设计基础、智能物联网技术及应用、机电控制技术等。专业培养方案课程总学分为165学分，由通识教育课程（73.5学分）与专业教育课程（91.5学分）两部分组成。其中，通识教育课程又分为通识基础课程（固定）（42.5学分）、通识基础课程（动态）（23学分）、通识核心课程（6学分）、通识选修课程（2学分）四部分；专业教育课程由专业必修课（55学分）、专业选修课（12.5学分）、集中实践课程（24学分）三部分组成。课程设置如表9.12所示。

表9.12 常熟理工学院智能制造工程专业的课程设置

课程分类		课程名称	学分数	是否为学位课	专业方向	备注
通识教育课程（73.5学分）	通识基础课程（固定）（42.5学分）	中国近现代史纲要	3	否		
		中级英语读写（1）	2	否		
		中级口语（1）	2	否		
		体育（1）	1	否		
		入学教育	0.5	否		
		军事理论与军事训练	4	否		
		劳动教育	1	否		
		大学计算机技术	3	否		
		大学生心理健康教育	2	否		
		思想道德修养与法律基础	3	否		
		中级英语读写（2）	2	否		
		中级口语（2）	2	否		
		体育（2）	1	否		
		马克思主义基本原理概论	3	否		
		体育（3）	1	否		
		毛泽东思想和中国特色社会主义理论体系概论	5	否		
		体育（4）	1	否		

续表

课程分类		课程名称	学分数	是否为学位课	专业方向	备注
通识教育课程 （73.5学分）	通识基础课程（固定）（42.5学分）	体育（5）-教学俱乐部	0.5	否		
		体育（6）-教学俱乐部	0.5	否		
		大学生职业发展与创业教育	1	否		
		写作与表达	2	否		
		形势与政策	2	否		
	通识基础课程（动态）（23学分）	高等数学A（1）	5	否		
		高等数学A（2）	5	否		
		大学物理实验B（1）	1.5	否		
		大学物理B（1）	3	否		
		大学物理B（2）	2	否		
		大学物理实验B（2）	1.5	否		
		线性代数	2	否		
		概率统计	3	否		
	通识核心课程（6学分）	人文艺术类	2	否		
		社会科学类	2	否		
		自然科学类	2	否		
		选课要求：理学、工学类专业学生须选修2学分的人文艺术类课程和2学分的社会科学类课程；管理学、经济学和文学类专业学生须选修2学分的人文艺术类课程和2学分的自然科学类课程；艺术和教育学类专业学生须选修2学分的社会科学类课程和2学分的自然科学类课程				
	通识选修课程（2学分）	通识选修课程	2	否		
		选课要求：教师教育专业学生须选修现场急救方面的相关课程				
专业教育课程（91.5学分）	专业必修课（55学分）	机械制图A（1）	4	是		
		智能制造工程导论	1	否		
		C语言程序设计	3	否		
		电工电子学	4	否		
		电工电子学实验	1	否		
		机械制图A（2）	2	否		
		控制工程基础	3	否		
		数据库系统概论	2	否		

续表

课程分类		课程名称	学分数	是否为学位课	专业方向	备注
专业教育课程（91.5学分）	专业必修课（55学分）	工程伦理与工程项目管理	2	否		
		化学与工程材料	2	否		
		工程力学	5.5	是		
		互换性与技术测量	2	否		
		机械工程测试技术	2	否		
		机械设计基础	4.5	是		
		智能物联网技术及应用	4	是		
		工业机器人技术基础及应用	2.5	否		
		机电控制技术	4	是		
		创新思维与创新方法	2	否		创新课程
		机械制造技术基础	2	否		
		人工智能及其数学基础	2.5	否		
	专业选修课（12.5学分）	流体力学——液压与气压传动	2.5	否		
		大数据及信息挖掘技术	2	否		
		精益生产	2	否		
		逆向工程与增材制造	2	否		
		智能装备故障诊断与维修	2	否		
		智能生产计划管理MES/ERP	2	否		
		智能优化设计	2	否	智能装备设计	
		工业机器人机械装配与调试	2	否	智能装配	
		智能控制技术	2	否		
		机器视觉及其应用技术	2	否		
	集中实践课程（24学分）	认识实习	1	否		
		机械设计课程设计	2	否		
		金工实习	2	否		
		生产实习	3	否		
		柔性制造综合实训	2	否		
		工艺夹具课程设计	2	否	智能装配	智能装配方向必选

续表

课程分类		课程名称	学分数	是否为学位课	专业方向	备注
专业教育课程（91.5学分）	集中实践课程（24学分）	机电系统计算机仿真	2	否	智能装备设计	智能装备设计方向必选
		智能装备设计创新实践	4	否		创新课程:智能装备设计方向必选
		智能装配创新实践	4	否	智能装配	创新课程:智能装配方向必选
		毕业设计	8	否		
学分总计				165		

9.14 厦门理工学院智能制造工程专业培养方案

9.14.1 培养目标

本专业立足海西、面向全国，围绕"中国制造2025"制造强国发展战略，以基于工业机器人技术的智能制造高端装备的研发与应用为主要培养领域，培养应用型、创新型的工程技术人才和管理人才。

9.14.2 学制学位要求

学制：4年；学分：174学分；学位：工学学士。

毕业规定：本专业学生需修满174学分，其中必修课程151.5学分（含公共基础课程61学分、学科专业基础课程40.5学分、专业课程12学分、独立设置实践教学环节38学分），选修课程16.5学分（含专业选修课程8.5学分、公共选修课程8学分），取得至少6个第二课堂学分，毕业设计（论文）答辩合格，同时国家体质测试达标，方准予毕业。

9.14.3　课程体系

1. 主干学科

机械工程。

2. 核心课程

机械制图、机械设计基础、电工电子技术、机器人学、传感器与检测技术、工业大数据技术、机电系统PLC控制、嵌入式系统与应用、机器人自动化应用技术、智能工厂集成技术、工业机器人系统集成综合实训、智能制造综合实训。

3. 主要实践性教学环节

思想政治理论课实践、工程训练、工业机器人系统集成综合实训、智能制造综合实训、生产实习、毕业实习、毕业设计。

4. 主要专业实验

PLC控制课程设计、嵌入式系统课程设计、液压与气压传动课程设计、机械设计基础课程设计。

本专业课程合计学分168学分，由必修课程（151.5学分）与选修课程（16.5学分）两大部分构成。其中必修课程由公共基础课程（61学分）、学科专业基础课程（40.5学分）、专业课程（12学分）、独立设置实践教学环节（38学分）四类课程；选修课程科基础课程由公共选修课程（8学分）与专业选修课程（8.5学分）两类课程组成。课程设置如表9.13所示。

表9.13　厦门理工学院智能制造工程专业的课程设置

课程分类		课程名称	学分数	考核方式
必修课程 （151.5 学分）	公共基础 课程 （61学分）	中国近现代史纲要	3	考试
		思想道德修养与法律基础	3	考试
		毛泽东思想和中国特色社会主义理论体系概论	3	考试
		马克思主义基本原理概论	3	考试
		形势与政策	2	考查
		体育1	1	考试
		体育2	1	考试
		体育3	1	考试
		体育4	1	考试
		军事理论	2	考查

续表

课程分类		课程名称	学分数	考核方式
必修课程（151.5学分）	公共基础课程（61学分）	大学英语1	3	考试
		大学英语2	3	考试
		大学英语3	2	考试
		大学英语4	2	考试
		创业基础	1	考查
		大学生职业发展与创业实践	1	考查
		大学信息技术	1	考查
		高等数学Ⅰ（上）	5	考试
		高等数学Ⅰ（下）	5	考试
		线性代数	2	考试
		概率论与数理统计	3	考试
		计算方法	2.5	考试
		大学物理Ⅰ（上）	3	考试
		大学物理Ⅰ（下）	3	考试
		大学物理实验Ⅰ（上）	1	考查
		大学物理实验Ⅰ（下）	0.5	考查
		工程化学	2.5	考试
		工程化学实验	0.5	考试
	学科专业基础课程（40.5学分）	专业导论与学涯规划指导☆◎	1	考查
		机械制图（上）▲	3	考试
		机械制图（下）▲	2.5	考试
		C语言程序设计	3	考试
		电工电子技术▲	4	考试
		机械三维CAD	2	考试
		工程力学Ⅰ	5	考试
		机械设计基础▲	5	考试
		机械制造技术基础	2	考试
		液压与气压传动◎	3	考试
		机器人学▲	2	考试
		机械工程控制基础	2	考试
		传感器与检测技术▲	2	考试
		工业大数据技术▲◎	2	考试
		神经网络基础	2	考试

续表

课程分类		课程名称	学分数	考核方式
必修课程（151.5学分）	专业课程（12学分）	机床数控技术与应用	2	考查
		单片机原理与应用Ⅱ▲	2	考查
		机电系统PLC控制▲	2	考查
		机器人自动化应用技术▲	2	考查
		机器人控制技术	2	考查
		智能工厂集成技术▲◎	2	考查
	独立设置实践教学环节（38学分）	军事技能	2	考查
		入学教育	0	考查
		制图测绘	1	考查
		认知实习	1	考查
		计算机绘图	1	考查
		C语言课程设计	1	考查
		电子电工技术综合实践	1	考查
		思想政治理论课实践	2	考查
		机械设计基础课程设计	2	考查
		工程训练	4	考查
		单片机原理与应用课程设计	1	考查
		液压与气压传动课程设计◎	1	考查
		PLC控制课程设计	1	考查
		嵌入式系统课程设计	1	考查
		工业机器人系统集成综合实训▲	2	考查
		智能制造综合实训▲☆◎	1	考查
		生产实习	2	考查
		毕业实习	4	考查
		毕业教育	0	考查
		毕业设计	10	考查
选修课程（16.5学分）	公共选修课程（8学分）	人文社会科学	2	/
		经济与管理（至少一门）	2	/
		艺术与体育	2	/
		实用技术	2	/
		校外考试辅导	2	/
		外语拓展课程	2	/
		至少要获得美育类选修课2个学分,跨学科选修至少2类8学分			

课程分类		课程名称	学分数	考核方式
选修课程 （16.5学分）	专业选修 课程 （8.5学分）	嵌入式系统与应用（必选）	2	考查
		机器人编程与应用（必选）	1.5	考查
		机器人视觉（必选）	2	考查
		机电传统与控制	1.5	考查
		企业管理和技术经济	1.5	考查
		机械CAD/CAM	1.5	考查
		机械制造装备设计	1.5	考查
		RFID技术与应用	1.5	考查
		机电一体化系统设计	1.5	考查
		智能生产系统与CPS建模	1.5	考查
		数字化制造技术	1.5	考查
		先进制造技术	1.5	考查
		自动化制造系统	1.5	考查
		专业外语	1	考查
		智能生产计划管理（MES/ERP）	1.5	考查
		智能装备故障诊断与维修	1.5	考查
		智能仪器计划	1.5	考查
		科技文献检索与写作	1	考查
总学分			168	

备注："▲"表示专业课程，"◎"表示校企共建课程，"☆"表示专业课程与创新创业教育融合课程。

9.15　智能制造实践能力培养平台案例介绍

9.15.1　华中科技大学智能制造实践能力培养平台案例介绍

为适应制造业数字化、网络化、智能化的发展趋势和相应的人才培养要求，华中科技大学工程实践创新中心围绕机电产品智能设计、智能控制、智能生产等环节，以典型机电产品设计、制造、检测为主线，让学生训练设计、加工、装配、检测等环节，一个数字模型贯穿到底。

1. 智能设计

如图9.2所示，智能化设计室支持采用CAD、CAE、CAPP和优化设计软件开展机电产品的数字化设计，为后续热成形、冷加工和装配提供数字化模型。

　　材料成形虚拟仿真是结合虚拟现实(VR)、增强现实(AR)等比较前沿的技术手段展示材料热成形的加工过程，如铸造、冲压、焊接、注塑等过程。材料成形虚拟仿真解决了常规材料成形加工实训过程中不敢做（高污染、高风险）、做不了（过程不透明、观察手段有限）、做不起（高成本）的瓶颈问题，有效消除设备、场地等硬件限制对实训的影响。让学生们在充满趣味的课堂中去学习和掌握材料热成形的工艺知识。材料成形虚拟仿真实训室如图9.3所示。

图9.2　智能化设计室　　　　　　　图9.3　材料成形虚拟仿真实训室

　　智能制造虚拟仿真室（图9.4）利用制造运营管理系统MOM软件，其内容围绕智能制造的决策管理层、控制与分析层和执行层来展现智能制造工厂的生产运营过程，培养学生设计分析优化一体化的整体思维方式和最优化思想，教会学生掌握制造运营管理系统MOM软件的使用方法，管控整个智能车间的生产流程。

图9.4　智能制造虚拟仿真室

2. 智能铸锻焊

　　智能铸造车间（图9.5）分为多媒体教室、砂型3D打印区、挤压铸造区和压铸产线四个部分。学生可以在教室里学习铸造理论知识，利用计算机完成砂型三维造型和数值模拟，将设计好的砂型分层进行打印制造，高效获得所需要的砂型，后续完成浇注过程。

图 9.5　智能铸造车间

智能锻造实训车间（图 9.6）分为模具拆装区和智能锻造产线两个部分。通过一个齿轮的锻造生产过程，系统呈现了锻造过程的上料、预热、成形、尺寸测量和入库等工序，让学生对现代锻造工艺如预热、模锻成形、高温测量有更深入的了解，深刻认识到关键工艺参数对零件制造质量的重要性。

图 9.6　智能锻造实训车间

智能焊接成形车间（图 9.7）核心设备是一条冲压与焊接复合产线，包括自动上下料机器人、数控转塔冲床、数控机器人折弯以及机器人焊接系统组成。让学生充分体验智能制造中机器人自动化、基于工业互联网的信息化以及基于工业数据的智能化。

图 9.7　智能焊接成形车间

粉末材料成形车间（图 9.8）以三种典型的粉末材料成形工艺（干压成形、流延成形、注射成形）为基础，方便学生进行粉末材料成形的实践训练。

图9.8　粉末材料成形车间

3D打印车间（图9.9）共有五十多台3D打印机，学生学习进行正向设计及逆向设计，并将创意设计打印成形。

图9.9　3D打印车间

3. 智能制造

智能制造实践车间（图9.10）是数字化、网络化、智能化的智能制造实践教学车间。本车间由智能制造产线实践区域和工业机器人实践区域两大区域构成，左侧为智能制造产线实践区域，右侧为工业机器人实践区域。

图9.10　智能制造实践车间

图9.11所示为机器人理实一体化教室。学生通过平台上的工业机器人示教器来操作、控制虚拟的工业机器人，大大提升了实践教学的质量和效率，在有限的时间里保证每一位同学都有机会独自操作和完成个性化的实践内容。

图9.12所示为工业机器人装调平台。学生在这里可以学习到工业机器人的结构组成、配合关系、装配工艺等。通过机械零件的拆装、通电调试、校正零位、精度

检测、棒料搬运等检验装调的完整性和精准性。

图9.11　机器人理实一体化教室　　　　图9.12　工业机器人装调平台

　　如图9.13所示的工业机器人多功能工作站具有现代工业特征的工业机器人主流应用场景，学生在这里可以完成工业机器人的轨迹规划实训、物料搬运码垛实训、视觉分拣实训以及末端工装夹具快换等任务。

　　数控车削车间（图9.14）共有22台数控车床。在这里学生可以学习数控系统，进行数控车床的加工实训。可实训的内容有数控车床的基本操作、数控程序编制、工件装夹、对刀，既可以按给定图样，也可以自形设计图样编制数控程序完成相应零件的加工。

图9.13　工业机器人多功能工作站　　　　图9.14　数控车削车间

4. 激光及电火花加工

　　图9.15所示为激光加工车间。该车间共有39台激光加工设备，全部采用国产一线生产设备，主要用于学生进行激光加工基础和自主创新能力的训练。

图9.15　激光加工车间

图9.16所示为电火花车间。在电火花车间学生可以了解数控电火花成形、电火花线切割机床的加工原理和方法，掌握电火花成形加工基本操作技能和基础工艺知识，通过上机使用软件设计，自主完成作品的设计和加工。

图9.16　电火花车间

电工电子车间（图9.17）分为PLC基础、PLC综合、Arduino智能小车、PCB制作四个部分。

图9.17　电工电子车间

9.15.2　西安交通大学智能制造实践能力培养平台案例介绍

打破传统的以单一学科为依托的实践教学模式，实行项目牵引下的自主式、探究式、团队式、个性化教学方法，依托机械基础、机械工程专业等两个国家级教学示范中心及西安交通大学智能制造创新中心，打造"智能设计＋智能制造＋智能运维"实践课程体系，采用虚实结合模式，利用数字孪生、云数控、虚拟现实等新一代信息技术，丰富深化智能制造教学情境和内涵，为智能制造人才培养提供有力支撑。

1. 智能设计

（1）智能化设计实验室

智能设计实验室（图9.18）支持采用CAD、CAE、CAM和优化软件开展机械零部件的数字化设计，为后续智能制造提供数字化模型。

图9.18 智能设计实验室

智能设计实验室相关软件可实现EIT算法、迭代法求解器、特征值求解器、基于德洛奈与前沿推进法的网格剖分技术、基于几何模型与结果的自适应网格技术等底层核心技术，实现多学科、多物理场景仿真应用解决方案。借助于虚拟仿真及数字孪生技术，智能设计实验室可以实现典型产品的加工工艺设计与仿真分析（图9.19）。

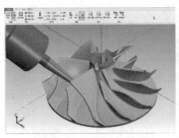

单工艺加工步骤   加工前后工艺尺寸及参数信息

图9.19 典型产品的加工工艺设计与仿真分析

（2）3D打印设计创新平台

3D打印设计创新实平台配备有3D打印设备、镶嵌机、硬度计和磨抛机，用于试样的制取、抛光和测试硬度。实验室支持复杂产品的设计创新和样机试制，学生在了解掌握各种类型成形原理的基础上，开展基于预设目标[性能（40%）、精度（20%）、效率（20%）、成本（20%）等]的产品创意设计、数值模拟、制造工艺优化及增材构件性能表征，使学生研究掌握3D打印高性能制造机理（图9.20）。

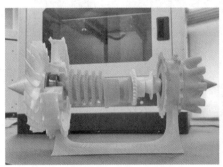

图9.20　3D打印设计创新平台

2. 智能制造

（1）智能制造学科交叉实验平台

以微涡发动机核心零部件为载体，可支持从产品设计、智能加工、智能检测、智能管理全流程的实训过程，是国内首个大学版的工业4.0平台。将智能制造的机器人、数控机床、虚拟仿真、数字孪生、云平台、工业物联网、信息化管理等技术进行融合，打造形成典型的智能车间。平台包括四层级架构体系，从下而上由智能设备层、智能传感层、智能执行层、智能决策层四个层次组成（图9.21、图9.22）。

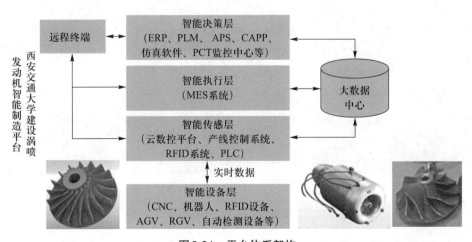

图9.21　平台体系架构

图 9.22　智能制造学科交叉实验平台

（2）智能制造学科交叉实验平台数字孪生模型

围绕建成的智能制造学科交叉实验平台，开发了数控机床、工业机器人、AGV等典型设备与产线系统级的虚拟仿真软件与数字孪生模型，可支持学生开展设备与产线系统的仿真分析、虚实同步映射与闭环优化控制的实验实训（图 9.23、图 9.24）。

图 9.23　产线系统级数字孪生模型

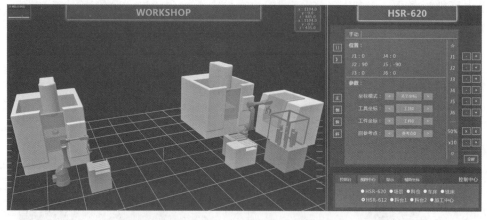

图 9.24　数控机床、工业机器人等设备级数字孪生模型

（3）智能装配生产线

智能装配生产线（图 9.25）包括三个工站：智能仓储工站，由立体货架、三轴

堆垛机、伺服电机、驱动器、PLC、触摸屏等组成；模块装配工站，由六轴工业机器人、输送线、托盘顶升机构、PLC、触摸屏等组成；视觉检测工站，由工业相机、镜头、光源、工控机、PLC、输送线、触摸屏等组成。通过智能装配生产线，培养学生的装配工艺规划、装配过程数字建模、装配过程控制、机器视觉检测、装配物流控制等技术研究和系统开发能力。

图9.25　产品智能装配产线

3. 智能运维

依托装备运行安全保障与智能监控国家地方联合工程研究中心、高端装备远程智能监控大数据中心，建设重大装备智能运维实验实践教学平台（图9.26），可以培养学生大数据处理、智能诊断、状态监测、运维过程优态控制等方面的知识和能力。

图 9.26　重大装备智能运维实验实践教学平台

[1] 周济，李培根.智能制造导论[M].北京：高等教育出版社，2021.

[2] 李培根，高亮.智能制造概论[M].北京：清华大学出版社，2021.

[3] 陈明，张光新，向宏.智能制造概论[M].北京：机械工业出版社，2021.

[4] 中国机械工程学科教程研究组.中国机械工程学科教程：2017[M].北京：清华大学出版社，2017.

[5] 制造强国战略研究项目组.制造强国战略研究（三期）：综合卷[M].北京：电子工业出版社，2020.

[6] "新一代人工智能引领下的智能制造研究"课题组.中国智能制造发展战略研究[J].中国工程科学，2018，20（04）：1-8.

[7] 周济，李培根，周艳红，等.走向新一代智能制造[J].Engineering，2018，4（01）：28-47.

[8] 周济，周艳红，王柏村，等.面向新一代智能制造的人–信息–物理系统（HCPS）[J].Engineering，2019，5（04）：71-97.

[9] 赵继，谢寅波.新工科建设与工程教育创新[J].高等工程教育研究，2017（05）：13-17.

[10] 赵继，谢寅波.中国高等教育高质量发展的若干[J].中国高教研究，2019（11）：9-12.

[11] 林健.多学科交叉融合的新生工科专业建设[J].高等工程教育研究，2018（01）：32-45.

[12] 王柏村，陶飞，方续东，等.智能制造——比较性综述与研究进展[J].Engineering，2021，7（06）：80-122.

[13] 王柏村，易兵，刘振宇，等.HCPS视角下智能制造的发展与研究[J].计算机集成制造系统，2021，27（10）：2749-2761.

[14] 王柏村，薛塬，延建林，等.以人为本的智能制造：理念、技术与应用[J].中国工程科学，2020，22（04）：139-146.

[15] 臧冀原，王柏村，孟柳，等.智能制造的三个基本范式：从数字化制造、"互联网＋"制造到新一代智能制造[J].中国工程科学，2018，20（04）：13-18.

[16] Spady W G . Choosing outcomes of significance[J]. Educational Leadership: Journal of the Department of Supervision and Curriculum Development，N.E.A，1994，51（6）：18-22.

[17] 郭哲，王玉佳，王孙禹.聚焦专业认证改革　提升工程人才培养质量："评估

认证与中国高等工程教育质量保障座谈会"综述[J]. 高等工程教育研究, 2021（6）: 3.

[18] 李志义, 王泽武. 成果导向的课程教学设计[J]. 高教发展与评估, 2021, 37（3）: 9.

[19] 李志义. 现代工程导论[M]. 大连: 大连理工大学出版社, 2021.

[20] 中国工程教育专业认证协会秘书处. 工程教育认证工作指南（2018版）[Z], 2017年11月.

[21] 顾佩华, 胡文龙, 林鹏, 等. 基于"学习产出"（OBE）的工程教育模式: 汕头大学的实践与探索[J]. 高等工程教育研究, 2014（1）: 11.

[22]《智能制造》编辑部. 周济院士: 智能制造要培养三类人才三支队伍[J]. 智能制造, 2021（06）: 14.

[23] Athinarayanan R, Cho S, Balakreshnan B. A sustainability framework for smart learning factories based on using structured information as semantic models [C]. 12th Conference on Learning Factories, CLF2022, 2022.

[24] Paul B K, Mears L, Shih A. Teaching manufacturing processes from an innovation perspective [J]. Procedia Manufacturing, 2021, 53: 814-824.

[25] Yang S, Hamann K, Haefner B, et al. A method for improving production management training by integrating an industry 4.0 innovation center in China [J]. Procedia Manufacturing, 2018, 23: 213-218.

[26] 中国电子技术标准化研究院, 树根互联技术有限公司. 数字孪生应用白皮书[Z/OL]. [2020-11-18].

[27] 安世亚太科技股份有限公司, 数字孪生体实验室. 数字孪生体技术白皮书[Z/OL]. [2019-12-30].

[28] 张自强, 陈树君. 基于智能学习工厂的实践教学体系探究: 以智能制造工程专业为例[J]. 高等工程教育研究, 2022（02）: 87-92.

[29] 臧冀原, 刘宇飞, 王柏村, 等. 面向2035的智能制造技术预见和路线图研究[J]. 机械工程学报, 2022, 58（04）: 285-308.